Gordian Philipps · Susanne Lebek

Erfolgreich durchs Assessment-Center

Gordian Philipps · Susanne Lebek

Erfolgreich durchs Assessment-Center

Strategien, Aufgaben, Testverfahren:
Experten zeigen, worauf es wirklich ankommt

Bibliografische Information der Deutschen Nationalbibliothek
Die Deutsche Nationalbibliothek verzeichnet diese Publikation in der Deutschen
Nationalbibliografie; detaillierte bibliografische Daten sind im Internet über
http://dnb.d-nb.de abrufbar.

ISBN 978-3-7093-0321-4

Unter Mitarbeit von Franziska v. Aspern
Konzeption und Realisation: Ariadne-Buch, Christine Proske, München
Redaktion: Gabriele Ernst, Icking bei München

Umschlag: *stern* und buero8
Satz: Hannes Strobl, Satz·Grafik·Design, 2620 Neunkirchen
© LINDE VERLAG WIEN Ges.m.b.H., Wien 2010
1210 Wien, Scheydgasse 24, Tel.: +43/1/24 630
www.lindeverlag.de
www.lindeverlag.at

Druck: Hans Jentzsch & Co. GmbH., 1210 Wien, Scheydgasse 31

Inhalt

Vorwort... 7

Einleitung.. 9

Kapitel 1:   Wie Unternehmen ihre Bewerber prüfen:
             moderne Auswahlverfahren... 11

Kapitel 2:   So gehen Sie in die Vorbereitung: praktische Hinweise,
             um ein Assessment-Center erfolgreich zu bestehen........ 14
             Zielfindung: Wer bin ich und wofür brenne ich?.............. 15
             Wie finde ich das Unternehmen, das zu mir passt?........... 17
             Nehmen Sie sich Zeit für Ihren Lebenslauf 19
             Zeigen Sie, was Sie können: Selbstdarstellung und
             Selbstmarketing.. 21
             Fragen an Ihren zukünftigen Arbeitgeber........................ 23
             Fragen an Sie als Kandidaten 25
             Das erwartet Sie: ein Gruppen-Assessment-Center
             aus der Sicht eines Teilnehmers..................................... 27

Kapitel 3:   Die Strategie dahinter: Konzeption und Auswertung
             eines Assessment-Centers... 37
             Wie ein Assessment-Center konzipiert wird.................... 37
             So werden Ihre Ergebnisse ausgewertet 40

Kapitel 4:   Erste Ergebnisse zu Persönlichkeitsstruktur und
             Arbeitsverhalten: onlinebasierte Testverfahren.............. 43
             MPE – Management Potential Evaluation......................... 44
             CPI – Californian Psychological Inventory 51
             MBTI – Myers-Briggs-Typen-Indikator 57
             CAPTain – Computer Aided Personnel Test
             answers inevitable... 65
             DISG – dominant, initiativ, stetig, gewissenhaft 73
             PI – Predictive Index.. 80

BIP – Bochumer Inventar zur berufsbezogenen
Persönlichkeitsbeschreibung.. 84
OPQ – Occupational Personality Questionnaire................ 90
shapes.. 96

Kapitel 5: Hier müssen Sie sich bewähren: Präsenzübungen testen
Ihre Eignung für den Job.................................... 104
Worauf es beim Rollenspiel ankommt............................ 104
Nicht die Nerven verlieren: Szenario „Postkorb".............. 112
Interview: Im Zentrum steht Ihre Persönlichkeit.............. 124
Die Fallstudie fordert alle Ihre Qualifikationen 134
Die Präsentation: Zeigen Sie sich von Ihrer besten Seite ... 143
Punkten Sie in der Gruppendiskussion mit Ihren
Schlüsselqualifikationen... 148

Kapitel 6: Fast im Ziel: Nachbereitung eines Assessment-Centers.. 158
Wie Sie es das nächste Mal noch besser machen 158
Die häufigsten Fragen von Kandidaten – und die Antworten 160

Anhang: Ihre Rechte als Bewerber.................................... 165
Glossar.. 167
Abbildungsverzeichnis 171

Stichwortverzeichnis... 173
Weitere Titel... 177

Mehr Service auf stern.de

Preis-Leistungs-Verhältnis
Deshalb lohnen sich Assessment-Center

Verhaltenstipps
So bewältigen Sie die Testmühle erfolgreich

Arbeitgeber
Darum sind Assessment-Center für Unternehmen unverzichtbar

Wissenstest
Sind Sie fit für das Assessment-Center?

Dies und mehr unter: www.stern.de/assessmentcenter

Vorwort

Man muss Assessment-Center, kurz AC, nicht mögen. Man darf ihre Objektivität bei der Auswahl von Bewerbern anzweifeln. Man kann Postkorb-Übungen hassen oder fürchten. Hilft alles nichts: Viele Firmen nutzen Assessment-Center zur Rekrutierung. Will man den Job haben, muss man da durch.

Der *stern*-Ratgeber „Erfolgreich durchs Assessment-Center" unterstützt Sie dabei, die Aufgaben solch mehrstündiger, manchmal mehrtägiger Auswahlverfahren zu bestehen. Die Autoren, selber AC-Experten, beschreiben, was Sie in einem Assessment-Center erwartet und wie Sie sich optimal darauf vorbereiten. Strategien, Aufgaben, Testverfahren: Die Experten sagen, worauf es ankommt.

Viele Tipps aus der Praxis machen das Buch wertvoll für alle, die ein AC vor sich haben. Wenn Sie etwa wissen wollen, wie Sie sich in den Interviews verhalten, wie Sie den Postkorb sinnvoll abarbeiten und wie Sie eine Fallstudie meistern: Der vorliegende *stern*-Ratgeber verrät es Ihnen.

Frank Thomsen

Chefredakteur *stern.de*

Einleitung

Das Assessment-Center (AC) als Auswahlverfahren für Hochschulabsolventen und Bewerber mit Berufserfahrung ist heute „State of the Art". Insbesondere im gehobenen Mittelstand und bei Großunternehmen wird es standardmäßig eingesetzt.

Es gibt verschiedene Gründe, warum sich das AC gegenüber dem klassischen Auswahlinterview inzwischen immer mehr durchgesetzt hat. Das wichtigste Argument, das für das AC spricht, sind dessen hohe Validität und Reliabilität: Im Vergleich mit anderen Verfahren ist es geeigneter, einen Kandidaten zu erfassen und die jeweiligen Einstellungskriterien zu messen. Dieser Vorteil wiegt für Unternehmen viel schwerer als der hohe zeitliche und ökonomische Aufwand, den die Konzeption und Durchführung eines Assessment-Centers für sie bedeutet. Dies wird vor allem dann deutlich, wenn man sich vor Augen hält, wie teuer eine Fehlentscheidung bei der Einstellung von Bewerbern für ein Unternehmen werden kann. Außerdem erfreut sich diese Art der Personalauswahl auch aufseiten der Bewerber zunehmender Beliebtheit, bietet sie doch eine gute Möglichkeit, ein umfassendes Fremdbild über die eigene Leistungsfähigkeit zu erhalten. Bei professionell durchgeführten Assessment-Centern ist es heute nämlich Standard, dass jeder Kandidat, unabhängig von seinem Abschneiden, ein qualifiziertes Feedback über die eigenen Stärken und Entwicklungspotenziale bekommt.

Hohe Güte

Für viele, die jedoch nicht wissen, was sie bei einem Auswahlverfahren erwartet, ist es immer noch eine Art Mythos. „Was passiert mit mir in einem Assessment-Center?", „Welche Fallstricke warten auf mich?", „Werde ich auch in den Pausen und beim Mittagessen bewertet?" Solche und ähnliche Fragen haben Sie sich vielleicht ebenfalls gestellt, als Sie eine Einladung zu einem Assessment-Center erhalten haben.

Häufige Fragen

Dieses Buch möchte mögliche Bedenken und Unsicherheiten rund um das Assessment-Center ausräumen und Mythen auf-

Zielgruppe lösen. Es richtet sich an Hochschulabsolventen, die kurz vor der Bewerbungsphase stehen, aber auch an Mitarbeiter mit Berufserfahrung, die einen Wechsel planen oder sich innerhalb ihres Unternehmens verändern wollen.

Unsere Erfahrungen aus mehr als zehn Jahren Konzeption und Durchführung von Assessment-Centern sind in dieses Buch eingeflossen. So ist ein praxisorientierter Ratgeber entstanden, der Sie darüber informiert, was beim AC passiert, was Sie tun sollten, um ein solches Auswahlverfahren erfolgreich durchzustehen und am Ende den Job zu bekommen, den Sie wollen und der auch wirklich zu Ihnen passt.

Fakten aus der Praxis Dabei geht es weniger um eine akademische Auseinandersetzung mit dem Thema als um Fakten aus der Praxis. Sie erfahren, wie Sie sich gezielt auf ein AC vorbereiten können, und werden bei Ihrer persönlichen Zielfindung unterstützt. Sie werfen einen Blick hinter die Kulissen des Assessment-Centers und lesen, wie es konzipiert wird, welche Kriterien in der Regel gemessen und wie die Ergebnisse ausgewertet werden.

Der Hauptteil des Buches beschäftigt sich intensiv mit den derzeit gängigsten eignungsdiagnostischen Testverfahren und Übungen, die in Assessment-Centern eingesetzt werden: Die Besonderheiten der einzelnen Verfahren, die konkrete Durchführung, Einsatzbereiche und Gütekriterien werden im Detail beschrieben. Sie erfahren, welche Schlüsse sich aus den Ergebnissen ziehen lassen, und erhalten abschließend Hinweise, wie Sie mit den Ergebnissen – auch den negativen – eines Assessment-Centers umgehen, was Sie daraus lernen und wie Sie sich dabei persönlich weiterentwickeln können.

Im Anhang des Buches können Sie sich zudem über Ihre Rechte als Bewerber im Zusammenhang mit eignungsdiagnostischen Testverfahren informieren. Und das Glossar bietet Ihnen Erläuterungen zu wichtigen Fachbegriffen, die bei der Schilderung der Verfahren verwendet werden.

KAPITEL 1

Wie Unternehmen ihre Bewerber prüfen: moderne Auswahlverfahren

Was ist eigentlich das Besondere an einem Assessment-Center? Charakteristisch dafür ist, dass ein Kandidat in unterschiedlichen Situationen und anhand verschiedener Methoden beurteilt wird. Neben dem klassischen Interview zum Lebenslauf (das auch als Präsentation mit anschließender Befragung durchgeführt werden kann) werden in Assessment-Centern Fallstudien und Rollenspiele eingesetzt. Es gilt bei diesen Aufgaben zu zeigen, wie Sie mit Konflikten oder kritischen Situationen umgehen. Dabei wird in erster Linie der Weg zur Lösungsfindung bewertet und weniger das eigentliche Ergebnis. Als dritte Komponente kommen eignungsdiagnostische Testverfahren zum Zug. Das Zusammenspiel dieser unterschiedlichen Methoden ermöglicht es, in relativ kurzer Zeit ein sehr umfassendes Bild von Ihnen als Kandidat zu gewinnen.

Charakteristisches

Ein weiteres Merkmal eines Assessment-Centers ist, dass immer mehrere Beobachter einen Kandidaten bewerten. Diese Beobachter kommen aus unterschiedlichen Bereichen des Unternehmens. Neben der zuständigen Fachabteilung sind meistens Mitarbeiter der Personalabteilung involviert sowie Führungskräfte anderer Fachabteilungen und manchmal auch Betriebsräte. Diese Kombination sorgt dafür, dass Sie aus verschiedenen Blickwinkeln beurteilt werden; die einzelnen Ergebnisse fließen am Ende in eine Gesamtbewertung ein. Damit wird eine rein subjektive Bewertung oder der berühmte „Nasenfaktor" weitgehend ausgeschlossen. Dennoch wäre es vermessen zu behaupten, dass ein AC eine vollständig objektive Bewertung ermöglichen würde, denn die bietet kein Auswahlverfahren. Richtig dagegen ist, dass es deutlich und nachweisbar viel objektiver beurteilt als alle anderen Auswahlverfahren.

Mehrere Beobachter

Assessment-Center sind keine Erfindung des modernen Managements. Entwickelt wurde diese Art des Personalauswahlverfahrens bereits zu Beginn des letzten Jahrhunderts im militärischen Bereich in Deutschland und den USA. Hier wurden Assessment-Center genutzt, um Offiziere auszuwählen. Aufgrund ihrer langen Tradition sind sie eines der ausgereiftesten Management-Instrumente, die wir heute kennen. Die folgenden Kriterien erhöhen die Qualität des Verfahrens:

Lange Tradition

- mehrere unterschiedliche Übungen/Aufgaben

- Übungen/Aufgaben orientieren sich an der Praxis

- Bewertung durch mehrere Beobachter aus unterschiedlichen Bereichen des Unternehmens

- Bewertung anhand vordefinierter und beschriebener Kriterien

- Bewertung auf einer festgelegten Skala

- jeder Kandidat wird einzeln betrachtet und in Bezug auf eine festgelegte Erwartung beurteilt

- jedes Kriterium wird in mindestens zwei Übungen des Assessment-Centers bewertet

- pro Übung werden nicht mehr als vier bis maximal fünf Kriterien bewertet

Standortbestimmung

Assessment-Center werden nicht nur zur Auswahl von Bewerbern mit oder ohne Berufserfahrung durchgeführt, sondern zunehmend auch zur Standortbestimmung von erfahrenen Führungskräften. Ziel ist es auch hier, ein Stärken-/Schwächenprofil eines Teilnehmers zu erstellen, ohne dass es dabei allerdings um eine Auswahlentscheidung geht. Diese sogenannten Potenzial-Assessment-Center oder Potenzial-Audits zielen darauf ab, für die Teilnehmer maßgeschneiderte Personalentwicklungsprogramme aufzusetzen. Mittels der Personalentwicklungsmaßnahmen sollen die Führungskräfte zum einen in die Lage versetzt werden, ihre gegenwärtigen Aufgaben noch besser zu erfüllen. Zum anderen sollen sie die

Möglichkeit bekommen, sich so weiterzuqualifizieren, dass sie für höherwertige Führungsaufgaben zukünftig berücksichtigt werden.

Solche Verfahren setzt man insbesondere in Großunternehmen im Rahmen eines übergreifenden Talent-Managements oder zur gezielten Nachfolgeplanung standardmäßig ein. Somit können Sie Kandidat eines Assessment-Centers werden, auch wenn Sie sich gar nicht auf eine neue Position beworben haben. Das Potenzial-Assessment-Center unterscheidet sich dabei in der Regel nicht von den Auswahl-Assessment-Centern. Lediglich die Zielrichtung, die Folgerungen aus den Ergebnissen und die sich anschließenden Schritte sind andere.

Talent-Management

13

So gehen Sie in die Vorbereitung: praktische Hinweise, um ein Assessment-Center erfolgreich zu bestehen

Gezielte Überlegungen

Wenn Sie sich auf Ihren „Traumjob" beworben haben und eine Einladung zu einem Assessment-Center in Händen halten, sind Sie Ihrem Ziel schon ein gutes Stück nähergekommen. Eine gezielte Vorbereitung auf ein Assessment-Center beginnt allerdings schon, bevor Sie Ihre Bewerbungsunterlagen verschicken. Sie fängt an mit den Fragen: Was kann ich richtig gut? Was macht mir wirklich Spaß? Was braucht das Unternehmen, bei dem ich mich bewerben möchte?

Vorausgesetzt, es gäbe eine Möglichkeit, sich auf jedes beliebige Assessment-Center für jede beliebige Position so vorzubereiten, dass man das Auswahlverfahren erfolgreich besteht, so wäre dieses Vorgehen jedoch noch keine Garantie für beruflichen Erfolg. Denn auf längere Sicht werden Sie und Ihr zukünftiger Arbeitgeber nur miteinander zufrieden sein, wenn Sie wirklich zu der Stelle passen und diese zu Ihnen. Bei der täglichen Arbeit, in der Probezeit, bei den folgenden Zielvereinbarungen und Beurteilungen werden Sie nicht erfolgreich sein, wenn Ihre Fähigkeiten nicht denen entsprechen, die Ihnen die Stelle abverlangt. Deshalb ist es wichtig, dass Sie sich von vornherein auf einen Job bewerben, der zu Ihnen passt, in dem Sie Ihre Fähigkeiten bestmöglich einsetzen können, bei dem Sie Spaß haben und bei dem Sie für Ihren Arbeitgeber einen erkennbaren Mehrwert bedeuten.

Erst dann, wenn Sie wissen, was Sie wollen *und* was Sie können, sollten Sie sich mit den Tricks und Kniffen beschäftigen, die es erleichtern, in einem Assessment-Center zu bestehen.

Zielfindung: Wer bin ich und wofür brenne ich?

Um diese Frage für sich zu beantworten, können Sie auf ein beliebtes Mittel aus Seminaren für Selbstorganisation zurückgreifen: die Zeitreise. Stellen Sie sich folgende Situation vor: Sie reisen in die Zukunft und sehen sich selbst am Ende Ihres Lebensweges. Sie hören Menschen, die Sie gut kannten, über Sie sprechen. Was möchten Sie jetzt hören? Das, was am Ende über Sie gesagt werden soll, ist die Antwort auf die Frage, welchen Weg Sie heute einschlagen sollten.

Also: Wofür stehen Sie? Wofür brennen Sie? Lassen Sie zunächst einmal außer Acht, was eventuell gerade opportun ist, wo es die besten Aufstiegschancen gibt, wo man angeblich am schnellsten viel Geld verdienen kann. Erfolg, Ansehen und Geld kommen, wenn man das tut, wofür man brennt.

Standortbestimmung

CHECKLISTE

Selbstbild

– Was hat Ihnen schon als Kind Spaß gemacht?
– Waren Sie ein aktives Kind, das viel Bewegung gebraucht hat?
– Haben Sie viel gelesen?
– Wofür haben Sie bisher Anerkennung bekommen?
– Sind Sie gerne zu anderen in Konkurrenz getreten?
– Haben Sie gerne etwas für andere getan?
– Haben Sie die Dinge, die Ihnen Spaß gemacht haben, eher alleine oder gemeinsam mit anderen getan?
– Mit welchen Themen haben Sie sich über eine lange Zeit beschäftigt?
– Für welche Fächer haben Sie sich in der Schule, auf der Hochschule besonders interessiert?
– Haben Sie ausgeprägte Hobbys?
– Engagieren Sie sich ehrenamtlich?
– Reisen Sie gerne?
– Beschäftigen Sie sich mit anderen Kulturen?
– Haben Sie besondere Begabungen, zum Beispiel für Sprachen oder Musik?

Die Beantwortung dieser Fragen lässt Rückschlüsse auf ein Berufsbild zu, in dem Sie erfolgreich sein könnten. Wenn Sie beispielsweise immer schon ein sehr aktiver Mensch waren, sollten Sie sich einen Beruf suchen, in dem Sie weiterhin aktiv sein können, also etwa einen, der viel mit Reisen zu tun hat, bei dem Bewegung eine Rolle spielt oder der mit körperlicher Arbeit einhergeht. Wenn Sie besonders gerne mit anderen gemeinsam Dinge unternehmen, sollten Sie einen Beruf wählen, der Teamarbeit erfordert, bei dem Sie mit Menschen in Kontakt kommen oder bei dem es darum geht, Menschen zu überzeugen. Waren Sie in der Schule eher in den Naturwissenschaften gut und haben Ihnen diese Fächer Spaß gemacht hat, bevorzugen Sie einen Beruf, in dem diese Fähigkeiten eine Rolle spielen.

Wichtige Aspekte

Entscheidend ist, dass Sie alle Aspekte berücksichtigen und zu einem Gesamtbild verdichten. Im Folgenden eine Auswahl wichtiger beruflicher Aspekte:

- aktiv/reaktiv

- alleine/mit anderen

- Fokus auf Technik/Fokus auf Menschen

- Fokus auf bestimmte Themengebiete

- national/international

Wenn Sie über diese Punkte Klarheit gewonnen haben, ist die erste Hürde genommen. Sie verfügen jetzt über ein klares Selbstbild und wissen, wohin Sie wollen. Nun kommt der zweite Schritt: Überprüfen Sie Ihr Selbstbild, indem Sie feststellen, ob andere – also Menschen, die Sie gut kennen und die Sie einschätzen können – Sie genauso sehen wie Sie sich selbst.

Selbst- vs. Fremdbild

Vergleichen Sie Ihr Selbstbild mit dem Fremdbild, das Ihnen gespiegelt wird. Wenn Sie feststellen, dass es Diskrepanzen gibt, dann nehmen Sie diese ernst, ohne sofort zu entscheiden, welches Bild stimmt. Meist liegt die Wahrheit in der Mitte. Die Checkliste zum Selbstbild (siehe Seite 15) eignet sich hierfür ebenfalls.

Wenn Sie herausgefunden haben, wofür Sie brennen, was Sie wollen, stellt sich die nächste Frage: Ist das, was Ihnen Spaß macht, auch das, was Sie gut können? Bei dieser Frage geht es darum herauszufinden, ob es sich wirklich um eine Profession oder eher eine Liebhaberei handelt. Machen Sie sich bewusst, dass der berufliche Weg, für den Sie sich entscheiden werden, viel von Ihnen fordern wird. Wenn Sie beruflichen Erfolg wollen, werden exzellente Leistungen erwartet und die werden Sie nur erbringen können, wenn Sie nicht nur mit vollem Herzen dabei sind, sondern auch die entsprechenden Fähigkeiten dazu mitbringen, beziehungsweise Ihre Kompetenzen weiterentwickeln.

Fähigkeiten

Die letzte Frage, die Sie sich in diesem Zusammenhang stellen sollten: Bringt das, was Sie wollen und was Sie können, für die Unternehmen auch einen Mehrwert? Das, was Unternehmen einen Mehrwert bringt, also einen zusätzlichen Nutzen stiftet, wird auch am Arbeitsmarkt nachgefragt. Ihre Chancen auf Ihren Traumjob steigen in dem Maße, in dem dieser Job für das Unternehmen wichtig ist.

Mehrwert

Erst wenn die drei Punkte „Wollen, Können, Nutzen" in Übereinstimmung sind, sollten Sie den nächsten Schritt angehen: Finden Sie das Unternehmen, das Ihnen Ihren Traumjob bietet!

Wie finde ich das Unternehmen, das zu mir passt?

Bei der Suche nach dem Unternehmen, in dem Sie sich so einbringen können, wie es Ihnen entspricht, sind grundsätzlich zwei Herangehensweisen möglich: die passive und die aktive.

Passiv heißt, Sie schauen sich die Stellenanzeigen an, die im Internet oder in den Printmedien veröffentlicht werden und hoffen, dass eine Stelle dabei ist, die auf Ihr Profil passt. Da-

Passiver Weg

17

bei ist die Wahrscheinlichkeit einer Übereinstimmung umso höher, je flexibler Sie sind – insbesondere räumlich. Machen Sie jedoch nicht zu viele Abstriche, sonst entfernen Sie sich zu weit von Ihrem Traum und der Möglichkeit, langfristig zufrieden und erfolgreich arbeiten zu können.

Aktives Vorgehen

Gehen Sie lieber aktiv auf die Suche: In Zeiten des Web 2.0 ist das wesentlich einfacher als früher. Beschaffen Sie sich Informationen über Unternehmen, um diejenigen herauszufiltern, die Ihrem Anforderungsprofil am ehesten entsprechen. Konkret bedeutet das herauszufinden, welche Unternehmen auf der einen Seite das bieten, was Sie können und wofür Sie brennen, und auf der anderen Seite auch kulturell zu Ihnen passen. Über Wirtschaftsdatenbanken (zum Beispiel Hoppenstedt) lassen sich, nach Regionen sortiert, Unternehmen unterschiedlicher Branchen und Größen identifizieren. Zudem verfügen Unternehmen in der Regel über eigene Homepages mit vielen nützlichen Informationen. Des Weiteren bieten Jobbörsen im Internet die Möglichkeit, sich einen umfassenden Überblick über die verschiedenen Branchen zu verschaffen.

Sobald Sie eine Shortlist von fünf Unternehmen zusammengestellt haben, die Ihre Favoriten sind, kann es weitergehen. Finden Sie in einem nächsten Schritt Mitarbeiter oder ehemalige Mitarbeiter dieser Unternehmen und nutzen Sie diese als

Informations-quellen

Informationsquelle. Über soziale Netzwerke, wie beispielsweise XING, können Sie nach Unternehmen gefiltert Personen suchen, die Sie dann unverbindlich ansprechen können. Sie werden feststellen, dass Ihnen mindestens jeder Zweite bereitwillig Auskunft über das Unternehmen geben wird. Probieren Sie es einfach aus!

Wenn Sie genug Informationen gesammelt haben, kommt die eigentliche Herausforderung. Bereiten Sie die Fragen, die Sie der Personalabteilung der Unternehmen stellen möchten, genau vor und rufen Sie dann dort an. Lassen Sie sich mit der Personalabteilung verbinden und fragen Sie unter anderem nach Jobmöglichkeiten, die zu Ihnen passen. Da Sie ja jetzt wissen, was Sie wollen, und auch zahlreiche relevante Informationen über die Unternehmen haben, stehen Ihre Chancen gut, am Telefon zu überzeugen und – sofern entsprechender Bedarf vorhanden ist – eine Bewerbung einreichen zu können.

Nehmen Sie sich Zeit für Ihren Lebenslauf

Der Lebenslauf ist ein fester Bestandteil der Bewerbungsunterlagen, die Sie bei einem Unternehmen einreichen. Basierend auf Ihrem Lebenslauf und Ihrem Anschreiben wird eine Entscheidung darüber getroffen, ob Sie zum Assessment-Center eingeladen werden oder nicht. Das Foto ist das Aushängeschild Ihres Lebenslaufes, deshalb sollte es aktuell sein und Sie so darstellen, wie Sie sind. Viel wichtiger ist es, dass man Sie darauf wiedererkennt, als dass Sie auf dem Foto besonders vorteilhaft aussehen. Wenn man Sie wiedererkennt, spricht das für Authentizität und das ist ein wichtiges Kriterium bei der Bewertung Ihrer Person. Ihre Kleidung sollte dem Anlass, der Branche und der Position, für die Sie sich bewerben, angemessen sein. Achten Sie auch auf die Qualität des Fotos: Bitte verwenden Sie keine eigenen Schnappschüsse und investieren Sie stattdessen in ein Bewerbungsfoto eines professionellen Fotografen.

Der Leser Ihres Lebenslaufes möchte sich einen Überblick über Ihren bisherigen Werdegang verschaffen. Aus dem, was Sie getan haben, wie lange Sie für die einzelnen Ausbildungsstationen benötigt haben oder wie lange Ihre Verweilzeiten bei bisherigen Arbeitgebern waren, werden Rückschlüsse auf Ihren Charakter und Ihre Persönlichkeit gezogen. Dabei sollten Sie wissen, dass professionelle Beurteiler immer versuchen werden, das ganze Bild zu sehen. Es ist also weniger wichtig, dass Sie immer in allen Stationen erfolgreich waren, als dass ein „Plan" oder eine „Strategie" in Ihrem Lebenslauf erkennbar wird. Insbesondere bei Berufseinsteigern achtet man auf Dinge, die zur Persönlichkeitsbildung beitragen, wie

Foto

Strategie

zum Beispiel ehrenamtliche Engagements, Auslandsaufenthalte, private Interessen. Es muss nicht immer der klassische, geradlinige Weg sein, solange Sie die Beweggründe für Ihre Entscheidungen und die damit verbundenen Zielsetzungen erläutern können.

Skill-Profil

Zu einem vollständigen Lebenslauf gehört das Skill-Profil. Es beinhaltet die Erfahrungen, die Sie bislang gesammelt haben. Hier sollten Sie beschreiben, was Sie gut können und wo Sie für Ihren zukünftigen Arbeitgeber schnell und wertschöpfend einsetzbar sind. Stellen Sie Ihr Skill-Profil möglichst so dar, dass es zu den Anforderungen des Unternehmens und der angestrebten Position passt. Machen Sie deutlich, welchen Mehrwert Sie als Bewerber gegenüber anderen Kandidaten bieten und warum gerade Sie für die Position der beste Kandidat sind.

Zeugnisse

Für den schriftlichen Lebenslauf sind zudem Kopien der wichtigsten Zeugnisse (Schule, Ausbildung, Hochschule, Beruf) obligatorisch.

Der Lebenslauf spielt auch in vielen Assessment-Centern eine wichtige Rolle. Häufig besteht beispielsweise eine Aufgabe darin, den eigenen Lebenslauf in Form einer Präsentation darzustellen. Dafür haben Sie in der Regel 15 bis 20 Minuten Zeit. Achten Sie darauf, genau die Punkte herauszuarbeiten, die für Ihr Wunschunternehmen von Bedeutung sind. Daher sollten Sie Ihren Lebenslauf im klassischen Format (zum Beispiel Word, hochkant, A4) und als Präsentation (zum Beispiel mit Power Point) vorbereitet haben. Es kann im Assessment-Center allerdings auch von Ihnen verlangt werden, die Eckdaten Ihres Lebenslaufes ohne vorbereitete Präsentation – also aus dem Stegreif – vorzutragen. Umso

Gute Vorbereitung

wichtiger ist es, die entsprechenden Daten während Ihrer Vorbereitungsphase erarbeitet und verinnerlicht zu haben.

Tragen Sie Ihren Lebenslauf lebendig vor. Sinn dieser Aufgabe ist es nicht, Fakten trocken aufzusagen. Gehen Sie davon aus, dass sich die Beobachter in einem Assessment-Center vorab mit Ihren Bewerbungsunterlagen und damit auch mit

Ihrem Lebenslauf auseinandergesetzt haben. Jetzt wollen Sie sehen, wie Sie sich verkaufen, wie engagiert Sie auftreten, wie geschickt Sie argumentieren und wie logisch Sie Ihre einzelnen Lebensabschnitte erläutern können.

Die folgenden wesentlichen Punkte sollten Sie bei der Präsentation Ihres Lebenslaufes berücksichtigen:

CHECKLISTE

Präsentation des Lebenslaufes

- Stellen Sie sicher, dass Sie alle Daten und Fakten im Kopf haben.
- Legen Sie sich Argumentationsketten für erklärungsbedürftige Phasen im Lebenslauf zurecht:
  - Die Erlangung der Hochschulreife auf dem zweiten Bildungsweg ist kein Makel, sondern zeigt Biss und dass Sie in der Lage sind, auch unter nicht optimalen Bedingungen Ihr Ziel zu erreichen.
  - Ein längerer Urlaub oder ein Auslandsaufenthalt kann immer zur Bildung und Weiterentwicklung der Persönlichkeit beitragen.
  - Eine Ausbildung, die abgebrochen wurde, zeigt, dass Sie bei falschen Entscheidungen schnell und gezielt gegensteuern können.
  - Gleiches gilt für sogenannte Kurzläufer, also Anstellungen, die Sie nach weniger als zwei Jahren wieder beendet haben.
- Behalten Sie den roten Faden und machen Sie den Zuhörern klar, welches Ziel Sie verfolgt und wie Sie es erreicht haben.
- Reichern Sie Ihren Vortrag mit kleinen Anekdoten aus Ihrem Leben an.
- Zeigen Sie sich menschlich, indem Sie auch darauf eingehen, wie Sie sich in bestimmten Situationen gefühlt haben.

Zeigen Sie, was Sie können: Selbstdarstellung und Selbstmarketing

Ein Assessment-Center hat viel mit Verkaufen zu tun. Professionelle Beobachter können in Assessment-Centern reine Schauspieler, bei denen hinter dem Schein kein Sein ist, leicht durchschauen. Aber ohne die Fähigkeit, sich gut zu

Sich selbst verkaufen

21

verkaufen, das zu zeigen, was man kann und was einen ausmacht, geht es eben auch nicht. Das liegt in der Natur des Assessment-Centers, in dem man die Möglichkeit erhält, sich in relativ kurzer Zeit darzustellen. Diese Gelegenheit muss man nutzen. Selbstdarstellung heißt dabei, authentisch und präsent zu sein. Es lohnt sich also, Zeit in die Vorbereitung zu investieren und Ihren Auftritt nicht dem Zufall zu überlassen.

Feedback einholen

Sehr wichtig ist es, sich zunächst Feedback über die eigene Wirkung einzuholen. Sie erinnern sich an den Anfang dieses Kapitels? Selbstbild muss nicht gleich Fremdbild sein. Daher sollten Sie als Erstes herausfinden, was Sie ganz konkret üben müssen. Geeignete Feedbackgeber sind Freunde, Verwandte und Lebenspartner. Weiterhin können Sie sich bei einem Vortrag filmen lassen. Wenn Sie sich anschließend kritisch betrachten, werden Sie einiges an Ihrem Auftreten bemerken, das Ihnen nicht bewusst war, und so viel über sich selbst lernen.

Die folgende Zusammenstellung enthält die wichtigsten Punkte, die Sie bei Ihrem Auftritt beachten sollten.

GUT ZU WISSEN

Darauf sollten Sie bei einem Vortrag achten

- Lautstärke: Sprechen Sie laut genug, dass man Sie auch in fünf Metern Entfernung noch gut verstehen kann?
- Deutlichkeit: Ist Ihre Aussprache deutlich? Verschlucken Sie einzelne Wörter?
- Modulation: Ist Ihre Art zu sprechen interessant? Betonen Sie richtig? Spielen Sie mit Lautstärke und Stimmintensität?
- Flüssigkeit: Sind Sie in der Lage, flüssig zu sprechen ohne ungewollte Pausen und die beliebten Füllwörter wie „ähh" oder „öhh"?
- Gestik: Ist Ihre Gestik lebendig? Wirken Sie steif oder bewegen Sie sich nervös hin und her?
- Körpersprache: Stehen Sie sicher und strahlen Sie mit einer offenen Körperhaltung Selbstbewusstsein aus?

Mit Feedback umzugehen, will gelernt sein. Die wichtigste Regel lautet: Rechtfertigen Sie sich nicht. Nehmen Sie das Feedback als die Sichtweise eines anderen Menschen auf Sie und Ihr Verhalten. Versuchen Sie, etwas über Ihre Wirkung auf andere Menschen zu lernen. Erst wenn Sie wissen, wo Ihre Stärken und Schwächen in der Außendarstellung liegen, können Sie anfangen, daran zu arbeiten.

Das wichtigste Instrument in der Selbstdarstellung und im Verkauf sind Erfolgsstorys. Stellen Sie sich folgende Fragen: **Erfolgsstorys** Was haben Sie bisher in Ihrem Leben gemacht, was wirklich außergewöhnlich war? Worin sind Sie besonders erfolgreich gewesen oder wodurch haben Sie eine schwierige Herausforderung gemeistert? Wenn Sie dazu Beispiele gefunden haben, gehen Sie wie folgt vor: Formulieren Sie die Situation (Herausforderung, Problemstellung, Aufgabe), dann, was Sie getan haben, um erfolgreich zu sein und schließlich den (positiven) Ausgang, das Ergebnis. Sie sollten in der Lage sein, diese Erfolgsstory in maximal 30 Sekunden flüssig zu erzählen. So können Sie die Geschichte in ein Gespräch oder eine Unterhaltung einfließen lassen, ohne dass der Eindruck entsteht, dass Sie etwas aufsagen.

Fragen an Ihren zukünftigen Arbeitgeber

Wie schon beschrieben, ist es bereits in der Bewerbungsphase sehr ratsam, möglichst viele Informationen über Ihren eventuellen zukünftigen Arbeitgeber zu sammeln. Im Rahmen des Assessment-Centers haben Sie dann meist die Gelegenheit, weitere Fragen zum Unternehmen zu stellen und Informationen aus erster Hand zu bekommen. Bereiten Sie sich darauf **Interesse** gut vor, denn es wirft ein schlechtes Licht auf Sie, wenn Sie **zeigen** sich hier zurückhalten. Zeigen Sie mithilfe von intelligenten Fragestellungen Engagement, echtes Interesse am Unternehmen und dass Sie nicht nur einen Job wollen, um Geld zu verdienen, sondern eine Aufgabe, in der Sie etwas bewegen

Fragen können. Mit den folgenden exemplarischen Fragen können Sie einen guten Eindruck machen.

Das Unternehmen und der Markt:

- Wie ist das Unternehmen strategisch positioniert, wo liegen seine Stärken und Schwächen?
- Was tut das Unternehmen, um auch in zehn Jahren noch erfolgreich zu sein?
- Was sind die USPs (Unique Selling Proposition = Alleinstellungsmerkmal) des Unternehmens?
- Wer sind die wesentlichen Wettbewerber des Unternehmens?
- Was unterscheidet das Unternehmen von seinen Wettbewerbern?

Das Unternehmen und die Gesellschaft:

- Was tut das Unternehmen für die Gesellschaft?
- Welchen Nutzen haben die Produkte/Dienstleistungen des Unternehmens für den Kunden?
- Welche Nachhaltigkeitsstrategie verfolgt das Unternehmen?

Das Unternehmen und seine Mitarbeiter:

- Warum sollte man sich als Bewerber gerade für dieses Unternehmen entscheiden?
- Was tut das Unternehmen für seine Mitarbeiter?
- Welche Karriereoptionen bietet das Unternehmen für die jeweilige Position an?
- Welche Flexibilität bietet das Unternehmen seinen Mitarbeitern, beispielsweise flexible Arbeitszeiten, Auszeiten (sogenannte Sabbaticals oder Leaves) oder Elternzeit?

- Wie stellt das Unternehmen sicher, dass seine Mitarbeiter immer exzellent ausgebildet und auf dem neuesten Stand sind?

- Welche Erwartungen hat das Unternehmen an seine Mitarbeiter (zum Beispiel im Hinblick auf Einsatz, Zeit und Reisen)?

Fragen an Sie als Kandidaten

Natürlich möchte auch Ihr zukünftiger Arbeitgeber wissen, mit wem er es zu tun hat. Deshalb gibt es im Rahmen von Assessment-Centern eine Phase, in der Ihnen auf den Zahn gefühlt wird. Mit folgenden Fragen müssen Sie rechnen:

- Warum glauben Sie, der am besten geeignete Kandidat für die Position zu sein?

Fragen an den Kandidaten

- Was bringen Sie mit, um für das Unternehmen einen Mehrwert zu schaffen?

- Welche Erwartungen haben Sie an Ihr Berufsleben?

- Welchen Stellenwert soll der Beruf in Ihrem Leben einnehmen?

- Welche Werte haben Sie?

- Was zeichnet Sie als Mitarbeiter aus?

- Was müsste Ihr Vorgesetzter tun, um Sie zu Höchstleistungen zu motivieren?

- Was müssten Ihre Kollegen tun, um Sie wütend zu machen?

Neben den Fachkenntnissen zählt die Persönlichkeit. Unternehmen wollen wissen, wie weit sie bei Ihnen im Vergleich zum Durchschnitt Ihrer Altersgruppe ausgeprägt ist. Persönlichkeit entsteht unter anderem durch gemachte Erfahrungen und gemeisterte Schwierigkeiten. Die sogenannten Critical-Incident-Fragen zielen hierauf ab:

Persönlichkeit

- Welche schwierigen Situationen haben Sie bereits in Ihrem Leben gemeistert?

- Was war die bisher größte Herausforderung für Sie und wie sind Sie damit umgegangen?

- Wann mussten Sie in Ihrem Leben (beruflich oder privat) eine echte Niederlage einstecken und wie sind Sie damit umgegangen?

Bei der Beantwortung dieser Fragen empfiehlt es sich, die oben beschriebene Technik der Erfolgsstory anzuwenden. Das könnte folgendermaßen aussehen:

BEISPIEL

So beantworten Sie eine Critical-Incident-Frage

Frage: Was war die bisher schwierigste Situation in Ihrem Leben und wie haben Sie diese gemeistert?

Antwort: Als ich mein letztes Praktikum in einem Unternehmen antrat, merkte ich gleich am ersten Tag, dass in der Abteilung eine schlechte Stimmung und eine Ablehnung mir gegenüber herrschte. Es gab keinen Arbeitsplatz für mich, niemand hat mich in den Arbeitsablauf eingebunden und auch zum Mittagessen musste ich alleine gehen. Ziemlich frustriert machte ich mich nach meinem ersten Arbeitstag auf den Weg nach Hause.

Am zweiten Tag beschloss ich, die Ursache für die Ablehnung herauszufinden. Ich fragte einige Kollegen ganz offen und schilderte meine Situation sowie meine Gefühle. Ich wollte etwas lernen, den Kollegen Arbeit abnehmen und keine Arbeit machen. Im Verlauf der Gespräche stellte sich heraus, dass die Kollegen in der Abteilung erst zwei Tage vor meinem Arbeitsantritt darüber informiert worden waren, dass ein Praktikant kommen würde. Niemand war vorbereitet und alle hatten viel zu tun, sodass keine Zeit blieb, sich auf einen Praktikanten einzustellen. Die Ablehnung richtete sich also gegen die schlechte Informationspolitik und nicht gegen mich. Ich beschrieb den Kollegen, welche Erfahrungen ich hatte und was ich tun könnte. Dadurch wurde schnell klar, dass ich einem Kollegen im Einkauf bei einem Optimierungsprojekt helfen konnte. Bereits am Nachmittag des zweiten Tages hatte ich einen Arbeitsplatz und eine Aufgabe. In den sechs Wochen meines Praktikums konnte ich viel lernen und das Unternehmen bei der Umsetzung mehrerer wichtiger Projekte unterstützen.

Das Beispiel verdeutlicht, dass Sie eine nachhaltige Wirkung bei Ihrem Gesprächspartner erzielen, wenn Sie das Positive in den Vordergrund stellen, dabei bei der Wahrheit bleiben und den erfolgreichen Ausgang sowie den gestifteten Nutzen herausstellen.

Positives betonen

Die bisher beschriebenen Strategien zur Vorbereitung werden Ihre Chancen deutlich verbessern, ein Assessment-Center nicht nur durchzustehen, sondern erfolgreich zu bestehen!

Das erwartet Sie: ein Gruppen-Assessment-Center aus der Sicht eines Teilnehmers

Wenn Sie noch nie an einem Assessment-Center teilgenommen haben, können Sie sich in diesem Abschnitt ein Bild davon machen, wie es ablaufen kann.

In den vergangenen Jahren haben wir viele Teilnehmer unserer Assessment-Center befragt, wie sich der Tag aus ihrer Sicht gestaltet hat und was sie dabei empfunden haben. Dabei zeigten sich deutliche Unterschiede zwischen Kandidaten, die zum ersten Mal bei einem AC waren, und solchen, die dies schon mehrfach hinter sich gebracht hatten, also geradezu Assessment-Center-Profis waren. In der folgenden Schilderung gehen wir von einem Kandidaten aus – nennen wir ihn Herrn Axel Cramer –, der das erste AC seines Lebens vor sich hat.

Axel Cramer hat sich auf eine der begehrten Trainee-Positionen bei einem internationalen Technologieunternehmen beworben. Das Unternehmen gehört zu seinen Favoriten und dort ein Trainee-Programm zu bekommen, ist ein sicherer Garant für einen guten Karrierestart. Entsprechend wichtig ist für ihn das AC. Herr Cramer interessiert sich seit vielen Jahren für Computer. Er hat bereits eigene Programme geschrie-

Fallbeispiel

ben und für sich sowie für seine Freunde Webseiten aufgebaut und gestaltet. Nach dem Abitur hat er Betriebswirtschaft an einer renommierten Universität studiert und den Schwerpunkt Wirtschaftsinformatik gewählt. Während des Studiums absolvierte er bereits Praktika in Unternehmen aus dem Bereich Informationstechnologie. Dabei hat er festgestellt, dass ihm neben der Technik auch der Kontakt mit Menschen viel Freude bereitet. Aus seinem privaten Umfeld bekommt er ebenfalls die Rückmeldung, dass er gut mit Menschen umgehen kann und man ihn gerne als vertrauensvollen Gesprächspartner wählt. Sein Studium hat er mit großem Erfolg und Prädikatsexamen abgeschlossen. Vor der Bewerbungsphase besuchte er **Bewerbungsseminar** ein Bewerbungsseminar. Dabei hatte er die Gelegenheit, sich in Rollenspielen mit Video-Feedback selbst zu erleben. Er kennt seine Stärken und Schwächen recht gut und weiß, dass er in Gesprächssituationen wesentlich besser und eloquenter ist als in Präsentationen, bei denen er oft etwas steif dasteht und nicht so recht weiß, was er mit seinen Händen anfangen soll. Durch das Training konnte er das ein wenig üben, aber so richtig sicher fühlt er sich dabei immer noch nicht.

Zu Beginn seiner Bewerbungsphase weiß er sehr genau, was er will und kann. Er hat sich zehn internationale Technologieunternehmen herausgesucht und eine ausführliche Internetrecherche durchgeführt. Alle diese Unternehmen hatten Stellen für Hochschulabsolventen ausgeschrieben, insofern war er sich auch sicher, seinen Traumjob zu finden. Über ein Soziales Netzwerk im Internet hatte er Kontakt mit Mitarbeitern **Trainee-Programme** dieser Unternehmen aufgenommen. So fand er heraus, dass er mit seinem Hintergrund und seinen Fähigkeiten am besten im Projektvertrieb oder Projektmanagement aufgehoben sein würde. Also suchte er sich die Unternehmen aus seiner Liste heraus, die spezielle Trainee-Programme für diese Positionen anboten. Aus seiner Liste von ursprünglich zehn Unternehmen blieben fünf übrig. An diese Unternehmen schickte er seine Bewerbungsunterlagen und erhielt drei Einladungen zu Assessment-Centern. Ausgerechnet bei seinem Favoriten sollte das erste Assessment-Center stattfinden, dabei hätte er gerne erst einmal bei einem anderen Unternehmen geübt.

Jetzt ist es also soweit, der Wecker klingelt und das Erste, woran Herr Cramer denkt, ist sein heutiges Assessment-Center. Herr Cramer kommt in dem Hotel an, in dem das AC stattfinden soll. Er hat sich schon beim Erhalt der Einladung über die Anfahrtsstrecke und das Hotel mit dem Seminarzentrum informiert. Somit klappte die Anfahrt problemlos und lässt ihm die Ruhe, sich voll auf das vor ihm Liegende zu konzentrieren. Die Räumlichkeiten des Hotels kennt er bereits aus dem Internet und so findet er problemlos den Veranstaltungsraum. Sein erster Eindruck: Hier sieht alles sehr professionell und hochwertig aus. Das Unternehmen hat keine Kosten gescheut, einen guten ersten Eindruck zu hinterlassen. Herr Cramer fühlt sich gut aufgehoben und denkt, dass das Ambiente dem Anlass und dem Ruf des Unternehmens gerecht wird. Am Seminarraum angekommen, wird er gleich von einem Mitarbeiter des Unternehmens mit Namen begrüßt. Der Mitarbeiter stellt sich als Herr Müller, Leiter der Personalauswahl, vor. Gleich darauf macht Herr Müller ihn mit weiteren Mitarbeitern des Unternehmens bekannt; es handelt sich um die Beobachter beim AC, die aus unterschiedlichen Unternehmensbereichen kommen. Schließlich hat Axel Cramer auch noch Gelegenheit, seine Mitstreiter kennenzulernen. Er empfindet die Atmosphäre als locker, aber professionell. Die Mitarbeiter des Unternehmens sind darauf bedacht, den Kandidaten die Situation zu erleichtern. Trotzdem lässt Axel Cramer sich nicht dazu verleiten, sich selbst zu locker und entspannt zu geben. Ihm ist klar, dass selbst auch dann, wenn dieser Teil noch nicht offiziell bewertet wird, der erste Eindruck sehr wichtig ist und durchaus die Leistungen im späteren Assessment-Center überlagern kann. Im anschließenden Smalltalk mit den Unternehmensvertretern und seinen Mitbewerbern vermeidet er kritische Themen wie Politik oder Religion und erzählt von seiner Anreise und den vielen Baustellen, die er passieren musste. Nach etwas mehr als zehn Minuten bittet Herr Müller alle Teilnehmer, Platz zu nehmen.

Erster Eindruck

Unternehmensvorstellung

Zunächst präsentiert Herr Müller das Unternehmen, was etwa 15 Minuten in Anspruch nimmt und den Teilnehmern zum einen eine Fülle an Informationen über die Organisation, die Tätigkeitsfelder, Märkte und Mitarbeiter bietet. Außerdem erfahren die Teilnehmer alles Notwendige über den Ablauf des Trainee-Programms und die anschließenden Perspektiven. Danach haben sie Gelegenheit, Fragen zu stellen, was aber wenig Zeit in Anspruch nimmt, da viele Fragen durch den Vortrag bereits beantwortet sind. Herr Müller hebt noch einmal die hohen Anforderungen an die Trainees hervor und führt aus, dass in diesem Jahr aufgrund von Stellenkürzungen nur zwei statt der üblichen vier Trainee-Positionen zu besetzen seien. Herr Cramer denkt, das fängt ja gut an und fragt sich, wie viele Bewerber es wohl auf die beiden Stellen gibt. An diesem Tag sind mit ihm insgesamt acht Bewerber anwesend. Er entschließt sich jedoch, in dieser Situation seine Frage auf einen späteren Zeitpunkt zu verschieben und macht sich dazu eine Notiz.

Vorbereitung Präsentation

Dann beginnt das eigentliche Assessment-Center: Bereits mit der Einladung hatte Herr Cramer die Aufgabe erhalten, eine Präsentation zu seinem Lebenslauf in Power Point vorzubereiten und auf einem Memory-Stick mitzubringen. Dies hat er natürlich auch getan und sich viel Mühe dabei gegeben. Im Internet hat er eine passende Vorlage für solche Präsentationen gefunden. Er fügte die Inhalte ein, wobei er darauf geachtet hat, nicht zu viel Text zu verwenden, sondern die Folien durch Bilder, Diagramme und Clip Arts aufzulockern und gleichzeitig eine professionelle Gestaltung zu wahren. Er zeigte die Präsentation mehreren Freunden und Bekannten und hat sie auch mehrfach gehalten. Er erinnerte sich daran, einmal von einem Schauspieler in einem Interview gehört zu haben, dass man einen Satz hundertmal laut sprechen müsste, bevor man ihn auf der Bühne richtig „rüberbringen" könnte. Hundertmal hat er seine Präsentation natürlich nicht gehalten, aber er hatte nach den Übungen schon ein sicheres Gefühl.

Die Präsentationen sollen einzeln und nacheinander gehalten werden, wobei die Kandidaten, die gerade nicht an der Reihe sind, die Zeit nutzen sollen, sich auf die zweite Übung vorzubereiten: ein Rollenspiel zu einem Konfliktthema. Da Herr Cramer noch nicht dran ist mit seiner Präsentation, macht er sich an die Vorbereitung. Er ist ganz froh, etwas zu tun zu haben und nicht nur warten zu müssen. Das würde seine Nervosität, die er jetzt ganz gut im Griff hat, nur wieder steigern. Also beginnt er direkt mit seiner Aufgabe. Es geht darum, dass er als Projektleiter ein Gespräch mit einer unzufriedenen Kundin führen soll. Diese ist aufgebracht, da sie von einem Mitarbeiter erfahren hat, dass das Projekt weder im Zeitplan noch im Rahmen des Budgets ist. Daraufhin hat sie den Projektleiter, den Herr Cramer spielen soll, zu sich gebeten. Na, das kann ja lustig werden, denkt Herr Cramer und legt sich seine Strategie für das Gespräch zurecht. Aus Gesprächen mit Bekannten, die schon Assessment-Center durchlaufen hatten, weiß er, dass es bei diesen Aufgaben keine richtige oder falsche Lösung gibt. Wichtiger ist das Verhalten, also der Weg zum Ziel. Welches Verhalten hier erwünscht ist, kann er nur ableiten aus einer Bemerkung, die ein Mitarbeiter des Unternehmens bei seiner Vorrecherche im Internet ihm gegenüber gemacht hatte. Der Betreffende sagte, dass man nur erfolgreich in diesem Unternehmen sein wird, wenn man seine Ziele zu 100 Prozent erreicht. Das heißt, dass die Projekte gut laufen müssen. Also, da in dem Rollenspiel das Projekt schon kritisch ist, muss sich der Projektleiter klar darum bemühen, es wieder ins Lot zu bringen. Rechtfertigungsstrategien oder der Versuch, die Schuld auf die Kundin zu schieben, würden ihn nicht weiterbringen. Offenheit und volles Engagement würden zeigen, dass er in der Rolle des Projektleiters erfolgreich sein will, die Größe hat, Fehler zuzugeben, und sich auf Augenhöhe mit der Kundin befindet. Herr Cramer entscheidet sich deshalb für diese Strategie.

Vorbereitung Rollenspiel

Es klopft an der Tür und Herr Müller bittet ihn mitzukommen, um seinen Vortrag zu halten. Herr Cramer betritt den Raum und es geht sofort los. Seine Präsentation, die er bereits

Präsentation

31

am Morgen abgegeben hat, ist auf dem Beamer, er kann die Startfolie auf der Leinwand sehen. Jetzt kommt ihm wieder seine gründliche Vorbereitung zugute und er hat seine Nervosität so weit im Griff, dass er sich die Grundregeln der Präsentation wieder ins Gedächtnis rufen und entsprechend vorgehen kann. Er vermeidet es, während seines Vortrags zwischen Beamer und Leinwand zu stehen, um den Zuschauern nicht den Blick auf seine Folien zu versperren. Außerdem achtet er darauf, seine Folien auf der Leinwand nicht selbst zu betrachten und dabei den Zuhörern den Rücken zuzudrehen, was diese als Unhöflichkeit auslegen könnten. Er hat die Inhalte der Folien im Kopf und zur Not steht der Laptop auf dem Tisch vor ihm, sodass er sich orientieren könnte, falls er den Faden verlieren sollte. So steht er während des Vortrags am Rand der Leinwand, zu den Zuhörern gewendet, aufrecht und mit festem Stand, eine Hand locker an der Seite des Körpers nach unten hängend, mit der anderen Hand leicht gestikulierend, um seinen Vortrag zu unterstützen und lebendig zu gestalten. Seine gute Vorbereitung und seine sichere Standposition geben ihm die Sicherheit, seine Präsentation ohne Probleme zu absolvieren und bei seinem Vortrag immer wieder Augenkontakt zu seinen Zuhörern zu halten und deren Reaktionen abzuschätzen. Als er fertig ist, hat er das Gefühl, dass seine Präsentation gut angekommen ist.

Fragen der Beobachter

Im Anschluss daran werden ihm noch einige Fragen von den Beobachtern gestellt, von denen ihn nur eine kalt erwischt: „Herr Cramer, warum glauben Sie, der geeignete Kandidat für diese Position zu sein?" Herr Cramer ist wie die meisten Menschen niemand, der es gewohnt ist, sich selbst zu verkaufen. Insofern fällt es ihm schwer, diese Frage zu beantworten und für einen Moment ist er nicht in der Lage, eine Antwort zu formulieren. Er hat ja seinen Werdegang gerade vorgestellt und will sich nicht wiederholen. Aus seiner Biografie geht doch hervor, warum er auf diese Position passt. Warum also jetzt diese Frage? Nach weiterem kurzen Überlegen entschließt er sich zu folgender Antwort: „Neben dem, was ich Ihnen in meiner Präsentation geschildert habe, kann ich nur sagen, dass ich diese Position unbedingt will, und wenn ich sie bekomme, werde ich jeden Tag hart dafür arbeiten, Ihr Vertrauen in mich zu rechtfertigen." Ein kurzer Blick in die Gesichter der Beobachter zeigt ihm, dass er mit seiner Antwort nicht falsch gelegen hat.

Die kommende Stunde verbringt Herr Cramer mit der weiteren Vorbereitung seines Rollenspiels. Wieder wird er von Herrn Müller in den Raum gebeten mit dem Hinweis, das Rollenspiel werde sofort anfangen, sobald er den Raum betritt. Als Herr Cramer durch die Tür geht, wird er auch schon von einer Beobachterin, die offensichtlich die Rolle der verärgerten Kundin übernommen hat, recht harsch begrüßt. Es fällt ihm nicht schwer, schnell in seine Rolle hineinzufinden und das Rollenspiel, seiner Strategie folgend, durchzustehen. Am Ende stellen die Beobachter noch einige Reflexionsfragen, zum Beispiel: „Herr Cramer, was hatten Sie sich für das Gespräch als Ziel gesetzt, wie wollten Sie vorgehen und haben Sie aus Ihrer Sicht Ihr Ziel erreicht?" Hier heißt es Vorsicht für Herrn Cramer, die Frage zielt auf seine Fähigkeit zur Selbsteinschätzung. Also schildert er die Situation so, wie er sie erlebt hat, und versucht nicht, das Ganze positiver darzustellen, als er es selbst einschätzt. Etwas verunsichert ist er, als daraufhin eine eindeutige Reaktion vonseiten der Beobachter ausbleibt. Seine Sichtweise wird weder bestätigt noch verneint, sondern bleibt zunächst unkommentiert. Er vermutet jedoch, dass dies bei dem angekündigten Feedback-Gespräch, das zu einem späteren Zeitpunkt stattfinden soll, nachgeholt wird.

Rollenspiel

Nach Abschluss dieser Aufgabe werden alle Teilnehmer zum Mittagessen gebeten. Darüber hat sich Herr Cramer im Vorhinein schon viele Gedanken gemacht. Man hört ja immer wieder, dass das gemeinsame Mittagessen auch ein Teil des Assessment-Centers ist, bei dem die sozialen Fähigkeiten der Kandidaten und deren Benehmen bei Tisch bewertet würden. Also ist er vorbereitet, hat noch ein bisschen im Business-Knigge nachgelesen und sich seine gute Erziehung wieder in Erinnerung gerufen. Das Studentenleben übt ja nicht gerade

Gemeinsames Mittagessen

33

Smalltalk

in guten Tischmanieren, dachte er sich. Außerdem bereitete er einige Smalltalk-Themen vor, um bei Tisch nicht nur freundlich zu grinsen, sondern zu zeigen, dass er sich neben seinem Studium auch mit den aktuellen Tagesthemen beschäftigt. Als sich das Essen dem Ende zuneigt, nutzt er noch die Gelegenheit, seine Frage zur Anzahl der Bewerber zu stellen. Er erfährt, dass es insgesamt drei Assessment-Center mit jeweils acht Kandidaten für die zwei Positionen geben würde und heute das erste Assessment-Center sei. Na gut, denkt er sich, es reicht also nicht aus, heute der Beste zu sein, es kommen noch weitere 16 Kandidaten.

Nach dem Mittagessen wird die Gruppe geteilt und jede Teilgruppe in einen eigenen Raum gebracht. Mit dabei sind zwei der vier Beobachter. Nachdem alle Platz genommen haben, erklärt Herr Müller, dass es bei der nächsten Aufgabe darum gehe, ein Problem in der Gruppe zu lösen. Bei dem Problem handelt es sich um eine typische Engpass-Situation: Die vier

Gruppen-diskussion

Teilnehmer der Gruppendiskussion sollen vier Grundstücke unter sich aufteilen. Dabei befindet sich ein Grundstück in einer Top-Lage, zwei in guten Durchschnittslagen und eins liegt direkt an einer vierspurigen Schnellstraße. Ziel für die Gruppe ist es, innerhalb von 20 Minuten die Grundstücke untereinander aufzuteilen. Man teilt der Gruppe mit, dass eine Lösung, bei der nicht jedes Grundstück fest einem der Teilnehmer zugeordnet ist, nicht akzeptiert wird. Und los geht es. Herr Cramer erinnert sich an einen Vortrag über Kommunikationstechnik, den er an der Uni gehört hat. Ein Satz ist ihm im Gedächtnis geblieben: „Wer fragt, der führt." Er startet deshalb die Diskussion mit einer offenen Frage: „Wie wollen wir bei der Lösung dieses Problems vorgehen?" Offene Fragen regen zum Denken an und fordern die Befragten heraus, sich mit dem Thema zu beschäftigen. Mit den richtigen Fragen kann man einen Gesprächspartner oder eine Gruppe steuern, ohne Widerstände zu erzeugen. Das erscheint Axel Cramer einleuchtend und besser als zu versuchen, einen Weg vorzugeben oder den anderen aufzuzwingen. Er vermutet richtigerweise, dass es bei dieser Aufgabe mehr um den

Weg als um das Ziel geht, auch wenn von den Beobachtern in der Einleitung das Gegenteil behauptet wurde. Seine Frage erzielt die gewünschte Wirkung und die Gruppe beginnt, über den Weg zum Ziel zu diskutieren und folgt damit seinem vorgegebenen Pfad. Er stellt weitere Fragen und die Diskussion verläuft sehr strukturiert. Am Schluss steht zwar nicht die geforderte Zuordnung, aber eine von der gesamten Gruppe getragene Erläuterung des Vorgehens und der Gründe, warum die Gruppe das Problem nicht lösen konnte. Am Ende der Diskussion werden alle Teilnehmer gefragt, wie sie die Diskussion und ganz konkret das Verhalten der anderen Teilnehmer einschätzen. Herr Cramer wendet bei der Beantwortung dieser Frage die Feedbackregeln an und sagt zu jedem Einzelnen zunächst, was ihm Positives aufgefallen ist, um anschließend konstruktive Kritik zu üben. Dabei spricht er nicht zu den Beobachtern, sondern adressiert seine Botschaft direkt an den Betroffenen. Als er an der Reihe ist, sein Feedback zu empfangen, nimmt er sowohl das Positive wie das Negative auf, ohne sich direkt zu rechtfertigen. Er stellt fest, dass es sehr hilfreich ist zu erfahren, wie andere ihn sehen und vergleicht dieses Fremdbild mit seiner Selbsteinschätzung.

Feedback-runde

Im Anschluss an die Gruppendiskussion erklärt Herr Müller, dass das Assessment-Center damit beendet ist und bittet die gesamte Gruppe, wieder Platz zu nehmen. Er bedankt sich bei allen Teilnehmern für die Offenheit und erläutert die nächsten Schritte. Herr Cramer und seine Mitstreiter sollen in etwa einer Woche eine Nachricht über den Ausgang des Assessment-Centers erhalten. Zusammen mit dieser Mitteilung wird jeder Teilnehmer einen Termin für ein individuelles Feedback-Gespräch von einer Stunde Dauer bekommen. In diesem Gespräch soll jeder Teilnehmer erfahren, wie er in dem Verfahren beurteilt wurde und wo seine Stärken beziehungsweise Schwächen gesehen wurden.

Feedback-Gespräch

Herr Cramer denkt sich, dass das wohl eine der längsten Wochen seines Lebens werden würde, freut sich aber darauf, unabhängig vom Ergebnis noch ein Feedback zu bekom-

Lerneffekt

men. Er nimmt sich vor, die Zeit zu nutzen, um sich selbst ein Bild davon zu machen, wie er in den einzelnen Aufgaben des Assessment-Centers aus seiner Sicht abgeschnitten hat. Das möchte er dann mit dem Bild vergleichen, das er im Feedback-Gespräch bekommen wird. Aus diesem Vergleich, davon ist Herr Cramer überzeugt, wird er viel für das nächste Assessment-Center lernen können. Und das wird bestimmt kommen!

KAPITEL 3

Die Strategie dahinter: Konzeption und Auswertung eines Assessment-Centers

Viele Bewerber interessieren sich für die Strategie, die sich hinter einem Assessment-Center verbirgt. Vermutlich möchten auch Sie gerne wissen, welche Ihrer individuellen, fachlichen und persönlichen Kompetenzen dabei erfasst werden und wie man Ihre Ergebnisse auswertet. Das Hintergrundwissen über Konzeption und Auswertung eines Assessment-Centers, das Ihnen in diesem Kapitel vermittelt wird, beantwortet solche Fragen und macht die Strategie transparenter.

Hintergrund-wissen

Wie ein Assessment-Center konzipiert wird

Das AC ermöglicht es dem Arbeitgeber, Ihre anforderungsbezogenen Kompetenzen und Potenziale aufzudecken. Auf dieser Basis kann er sowohl entscheiden, ob Sie für die offene Position der am besten geeignete Bewerber sind, als auch, ob die Position für Sie die bestmögliche ist. Nutzt der Arbeitgeber ein AC für die strategische Personalauswahl, wird er festlegen, welches Gewicht Ihre AC-Ergebnisse im Rahmen der Stellenbesetzung haben sollen. Entweder sind die Ergebnisse das alleinige Entscheidungskriterium oder aber es fließen auch noch andere Kriterien in die Entscheidung mit ein, wie beispielsweise Ihre akademischen Leistungen oder Ihre Leistungsbeurteilungen bisheriger Arbeitgeber.

Die fachbezogenen und persönlichen Kompetenzen, die in einem AC erfasst werden, sind in der Funktions- und Stellen-

Kompe-
tenzen

beschreibung der offenen Position festgelegt. Folgende Kompetenzen werden in den persönlichen Anforderungsprofilen zum Beispiel meistens genannt:

• Kommunikationskompetenz

• soziale Kompetenz

• Führungskompetenz

• Vertriebskompetenz

Die Ausprägungen dieser Kompetenzen unterscheiden sich jedoch nach der zu besetzenden Mitarbeiterebene. Sollten Sie sich für eine Führungsposition bewerben, wird von Ihnen eine andere Art der Kommunikationskompetenz gefordert als von einer Fachkraft. Diese unterschiedlichen Ausprägungen der geforderten Kompetenzen bilden die Grundlage, auf der Ihre Leistungen im AC bewertet werden. Das heißt: Wenn Sie sich für eine Fachfunktion beworben haben, werden Sie nicht an den geforderten Kompetenzen für eine Führungsfunktion gemessen.

Zudem ist das AC so konzipiert, dass die Beobachter Ihre Stärken und Entwicklungspotenziale hinsichtlich der geforderten Kompetenzen erkennen und dazu Stellung beziehen können. Für jede geforderte Kompetenz wurden deshalb **Kriterien** Kriterien definiert. Anhand dieser Beobachtungskriterien oder Verhaltensanker werden die geforderten Kompetenzen gemessen. Beobachtungskriterien für Führungskompetenz können beispielsweise die folgenden sein:

• Sie verfügen über ein eindeutiges Führungsbild.

• Sie sind in der Lage, schwierige Situationen souverän zu bewältigen und behalten auch in komplexen Situationen den Überblick.

• Sie sind entscheidungsfreudig und zeigen Eigeninitiative.

• Sie können Mitarbeiter begeistern, ihre Potenziale erkennen, ihnen Aufgaben entsprechend ihrer Fähigkeiten zuordnen.

• Sie können Ihre Mitarbeiter nicht nur fordern, sondern auch fördern und motivieren.

Aufbauend auf den Beobachtungskriterien werden Verfahren ausgewählt, die die Kandidaten im AC durchlaufen. Diese Verfahren dienen dazu, die Stärken und Entwicklungspotenziale der Bewerber hinsichtlich der geforderten Kompetenzen sichtbar zu machen. Sie sollten sich darauf einstellen, dass Sie im Rahmen des ACs mehrere Verfahren kennenlernen werden, da sich der Grundsatz der Verfahrensvielfalt bewährt hat. Diese Vielfalt hat für Sie den Vorteil, dass aussagekräftigere, realistischere Ergebnisse erzielt werden, die den Beobachtern eine bessere Einschätzung Ihrer Kompetenzen ermöglichen. Mit sehr hoher Wahrscheinlichkeit werden Sie im AC mit den folgenden Verfahren konfrontiert (Näheres dazu finden Sie in den Kapiteln 4 und 5):

Verfahren

GUT ZU WISSEN

Häufige Verfahren im Assessment-Center

• *Internetbasierte Analyse von Potenzialen:* Sie werden gebeten, vor dem AC ein für Ihre Zielposition angemessenes Onlinetestverfahren durchzuführen, um Ihre Stärken, Ihren Entwicklungsbedarf und Ihr Arbeitsverhalten zu ermitteln. Eingabe und Auswertung erfolgen auf der Plattform eines Testanbieters über das Internet.

• *Interview:* In Einzelgesprächen werden Sie unter anderem zu Ihrem beruflichen Werdegang, Ihrem aktuellen Aufgabengebiet, Ihrer Wechselmotivation und Ihren beruflichen Zielen interviewt.

• *Rollenspiel:* Sie führen ein Rollengespräch, beispielsweise zur Thematik „Führen eines Mitarbeitergesprächs" oder „Führen eines Konfliktgesprächs".

• *Fachvortrag:* Sie halten einen kurzen Vortrag, dessen Inhalt sich zum Beispiel auf ein Thema aus Ihrem Fachbereich bezieht. Den Vortrag sollten Sie durch geeignet gestaltete Bild- und Textfolien unterstützen.

• *Branchenspezifische Fallstudie:* Man bittet Sie, einen komplexen branchenspezifischen Fall innerhalb einer knapp bemessenen Zeitspanne zu lösen. Hierzu bekommen Sie Informationsmaterial zu einem praxisüblichen Problem. Nach einer gewissen Vorbereitungszeit präsentieren Sie die entwickelte Lösung.

Zuverlässige Vorhersagen

Gehen Sie davon aus, dass jedes Verfahren, das Sie im Rahmen des ACs durchlaufen, so gestaltet ist, dass die späteren Anforderungssituationen gut simuliert sind und somit zuverlässige Vorhersagen über Ihr zukünftiges Arbeitsverhalten möglich machen. In Vorbereitung auf das AC ist es daher empfehlenswert, sich ein Bild über die realen Situationen aus dem Arbeitsalltag der ausgeschriebenen Stelle zu machen.

Bei jedem Verfahren können Sie mindestens zwei der für die offene Position geforderten persönlichen und fachlichen Kompetenzen zeigen. Diesen Zusammenhang veranschaulicht die exemplarische Beobachtungs- oder Kriterienmatrix:

	Interview	Rollenspiel: Mitarbeitergespräch	Fallstudie
Führungskompetenz	x	x	x
Vertriebskompetenz	x		x
Sozialkompetenz	x	x	

Abbildung 1: Beobachtungs- oder Kriterienmatrix

Dauer

Die Einladung zu einem AC informiert Sie auch darüber, wie viel Zeit Sie dafür einplanen sollten. Die Dauer hängt von mehreren Faktoren ab, beispielsweise davon, wie viele Verfahren zum Einsatz kommen, ob im Anschluss an das AC ein individuelles Feedback-Gespräch mit Ihnen geführt wird, und ob ein Einzel- oder Gruppen-AC geplant ist.

So werden Ihre Ergebnisse ausgewertet

Nach jedem Verfahren, das Sie abgeschlossen haben, werden Sie von den im AC anwesenden Beobachtern anhand der zuvor definierten Beobachtungskriterien individuell bewertet. Im Anschluss an das AC kommen alle Beobachter in einer sogenannten Beobachterkonferenz zusammen, in der sie die Bewertungen zu Ihren gezeigten Kompetenzen bekannt geben. Sollten die Beobachter kein einheitliches Bild über Ihre Kompetenzen gewonnen haben, wird in diesem Plenum Ihre Leistung so lange diskutiert, bis eine klare Entscheidung der Beobachter vorliegt.

Beobachter-konferenz

Eine gängige Vorgehensweise für die Bewertung der Kompetenzen ist die Einordnung aller Kandidaten entsprechend der folgenden Bewertungsskala:

Bewertungs-skala

1 = Der Kandidat erfüllt die Anforderungen in keiner Weise.
2 = Der Kandidat erfüllt die Anforderungen nur zum Teil.
3 = Der Kandidat erfüllt die Anforderungen durchschnittlich.
4 = Der Kandidat erfüllt die Anforderungen zum Teil überdurchschnittlich.
5 = Der Kandidat erfüllt die Anforderungen überwiegend überdurchschnittlich.
6 = Der Kandidat erfüllt die Anforderungen immer überdurchschnittlich.

Für jedes angewandte Verfahren wird ein sogenannter Beobachtungsbogen (siehe Abbildung 2) ausgefüllt, um eine transparente und nachvollziehbare Bewertung Ihrer gezeigten Kompetenzen sicherzustellen.

Beobachtungs-bogen

Methode Interview		
Beobachter	Datum	
Name des Kandidaten:		
Kriterien	Bewertung	Bemerkung des Beobachters
Führung		
Vertriebskompetenz		
Sozialkompetenz		
Bewertungsskala	Der Kandidat erfüllt die Anforderungen 1 = in keiner Weise, 2 = nur zum Teil, 3 = durchschnittlich, 4 = zum Teil überdurchschnittlich, 5 = überwiegend überdurchschnittlich, 6 = immer überdurchschnittlich	

Abbildung 2: Beobachtungsbogen

Ergebnis

Jeder Beobachter bewertet Sie basierend auf seinen eigenen Wahrnehmungen und deren Interpretationen. Abschließend spiegeln zwei Werte Ihr AC-Ergebnis wider: Zum einen ein Durchschnittswert zu den definierten Beobachtungskriterien, der sich aus der Summe der Bewertungen, geteilt durch die Anzahl der Beobachter, errechnet. Der zweite Wert ist ein Gesamtwert für das AC, der sich aus dem Durchschnitt aller Bewertungen über alle eingesetzten Verfahren und Beobachter errechnet.

Viele Arbeitgeber erstellen zum Abschluss eines ACs einen Ergebnisbericht, der Ihnen unter Umständen zur Verfügung gestellt wird und die Basis für ein mögliches Feedback-Gespräch bildet. In diesen Bericht fließen die einzelnen Bewertungen sowie die Eindrücke der verschiedenen Beobachter ein. Er schließt zumeist mit einer Empfehlung, ob Sie der am besten geeignete Kandidat für die offene Stelle sind oder nicht.

Erste Ergebnisse zu Persönlichkeits-struktur und Arbeitsverhalten: onlinebasierte Testverfahren

Eignungsdiagnostische Testverfahren gehören heute zum Standardrepertoire von Assessment-Centern. Wenn Sie also auf dem Weg zu Ihrem Traumjob sind, ist die Chance sehr groß, dass Sie mit einem oder mehreren dieser Verfahren nähere Bekanntschaft machen werden. Wir stellen Ihnen deshalb im Folgenden die gängigsten onlinebasierten Tests vor. Sie bewerten Ihr arbeitsbezogenes Verhalten, arbeitsbezogene Persönlichkeitsmerkmale und/oder Ihr logisches Denkvermögen. Je nach Position, auf die Sie sich bewerben, werden diese Verfahren einzeln oder in Kombination eingesetzt.

Die detaillierten Informationen zu den einzelnen Tests sollen Sie dabei unterstützen, ohne Nervosität oder Angst an die Bearbeitung zu gehen. Negative Stimmungen oder zu viel stressbedingtes Adrenalin können die Ergebnisse verfälschen und das nützt weder Ihnen noch Ihrem potenziellen Arbeitgeber.

Das Entscheidende für Sie ist Offenheit und Ehrlichkeit. Überlegen Sie nicht lange, was der Testanbieter wohl hören will oder was Sie auswählen müssen, um ein möglichst gutes Ergebnis zu erzielen. So funktionieren diese Verfahren nicht. Es ist nicht wie bei einem Spiel, bei dem man – wenn man nur das Richtige tut – den High-Score knacken kann. Bei diesen Testverfahren gibt es kein per se gutes oder schlechtes Ergebnis. Die Mehrzahl der Tests wird Sie im Ergebnis beschreiben und nicht bewerten. Eine Bewertung erfolgt erst durch den Abgleich Ihrer Ergebnisse mit dem vom Unternehmen definierten Soll. Und genau dieses Soll oder Anforderungsprofil kennen Sie in der Regel nicht. Also ist die beste Strategie, sich nicht zu viele Gedanken zu machen.

Ehrlichkeit

Stressfreie Atmosphäre

Bedeutet das, dass Sie nichts tun können, um ein möglichst realistisches Ergebnis zu erzielen, das Sie so darstellt, wie Sie wirklich sind? Doch das können Sie! Sorgen Sie für eine angenehme und stressfreie Atmosphäre, wenn Sie den Test durchführen. Sie erhalten in der Regel einen Onlinezugang vom Testanbieter und sind dadurch in der Lage, den Zeitpunkt und den Ort, an dem Sie den Test machen, selbst zu bestimmen. Achten Sie darauf, dass Sie sich wohlfühlen und nicht gestört oder abgelenkt werden. Stimmen Sie sich auf den Test ein, indem Sie sich zunächst gedanklich auf sich und Ihr Ziel fokussieren. Entspannungsübungen können hierbei helfen. Ein Glas Rotwein eher nicht, das gönnen Sie sich lieber erst nach dem Test. Wenn Sie dann beginnen, gehen Sie schnell, aber nicht hektisch durch die Fragen oder Aussagen und beantworten diese beziehungsweise geben Ihre Einschätzung. Das ist der beste Weg, ein realistisches Ergebnis zu bekommen, und das sollte Ihr Ziel sein, denn häufig werden diese Testverfahren nur flankierend eingesetzt, um Ihr tatsächliches Verhalten während des ACs (siehe hierzu Kapitel 5) mithilfe der Ergebnisse des Tests auf Stimmigkeit zu überprüfen.

MPE – Management Potential Evaluation

Führungsaufgaben

Mit 281 einfachen Fragen nimmt der computergestützte, wissenschaftlich abgesicherte MPE-Test Ihr Potenzial für Management- und Führungsaufgaben in den Fokus. Ihre Aufgabe als Proband ist es, bei allen Fragestellungen spontan einzuschätzen, inwieweit eine von vier Abstufungen (genau/eher/eher nicht/gar nicht) am ehesten zutrifft. Zum Beispiel:

„Lob bei Erfolg und Kritik bei Misserfolg sind für mich sehr wichtige Führungstechniken." Diese Aussage trifft …

- Genau
- Eher

- Eher nicht

- Gar nicht

… auf mich zu.

Das Verfahren arbeitet mit der Forced-Choice-Methode: Sie müssen sich für eine der dargebotenen Varianten entscheiden. Die 281 Fragen sind in zehn Erfolgsfaktoren gruppiert, die grundlegende Bereiche Ihres Führungspotenzials systematisch abklopfen:

Erfolgs-
faktoren

1. Selbstvertrauen

2. Dominanz/Führungsanspruch

3. Kontakt

4. Initiative

5. Durchsetzung

6. Systematik/Planung

7. Belastbarkeit/Stabilität

8. Motivation

9. Soziale Kompetenz

10. Leadership

Besonderheiten des Testverfahrens

Das von 1987 bis 2007 in Tübingen entwickelte MPE-Testverfahren beruht auf theoretisch fundierten Grundsätzen der Persönlichkeitsentwicklung und Persönlichkeitspsychologie. Der Test arbeitet nicht mit dem üblichen linearen Ansatz „höhere Werte = besser", sondern respektiert mit folgenden Messpunkten auch die Möglichkeit von Übersteigerungen:

- *Stärken und Entwicklungsbereiche*:

Die differenzierte Messung von Stärken und Entwicklungsbereichen bei 34 Teilfaktoren ermöglicht konkrete und dif-

Ergebnis-bericht

ferenzierte Empfehlungen. Im Ergebnisbericht erhalten Sie Hinweise für den Ausbau von Stärken und zu Ihren Weiterentwicklungsmöglichkeiten. So bekommen Sie beispielsweise beim Faktor Belastbarkeit konkrete Empfehlungen zu den Teilfaktoren Stressresistenz, Misserfolgstoleranz, Energie/Biss und innere Balance.

• *Übersteigerungen*:

Nach dem Motto „viel hilft nicht immer viel" nimmt sich dieser Messpunkt übersteigerte Ausprägungen einzelner Merkmale Ihres Verhaltens vor und zeigt, ob Sie zu Extremen neigen oder nicht. Übersteigerungen können Widerstände auslösen und Ihre persönliche Wirkung als Führungskraft beeinträchtigen.

• *Blinder Fleck*:

Gibt es Bereiche Ihrer Persönlichkeit, die Ihnen nicht bewusst sind? Unbewusstes kann nicht wissentlich ausgesteuert werden. Da dies zu Irritationen führen kann, untersucht dieser Messpunkt Ihr Verhalten im Hinblick auf Berechenbarkeit.

• *Oszillationen*:

Verfügen Sie beispielsweise über ein ausgeprägtes Selbstbewusstsein und neigen dabei gleichzeitig zu Selbstzweifeln, kann dies zu Schwankungen und Widersprüchen führen. Diese können Sie in Ihrer Akzeptanz als Führungskraft beeinträchtigen.

• *Indizes*:

Ego-Index: Impact der eigenen Persönlichkeit

Zuversichts-Index: Zuversicht bei Anforderungen

Du-Plus-Index: positive Grundhaltung

Konsequenz-Index: Strukturierung und Ergebnisorientierung

Integrations-Index: Konsistenz in der Wirkung

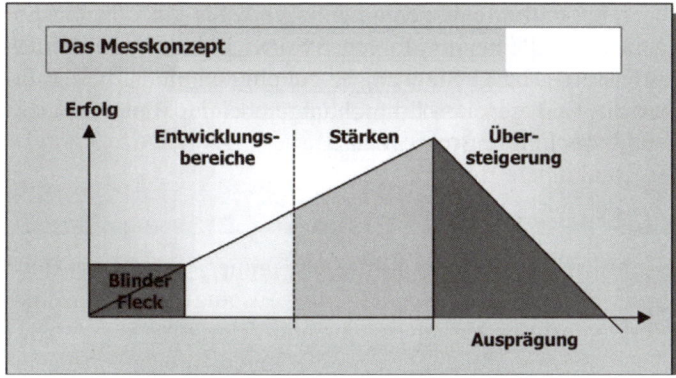

Abbildung 3: Das Messkonzept des MPE-Tests

Durchführung des Tests

Der MPE-Test wird webbasiert durchgeführt. Sie erhalten eine individuelle Zugangsberechtigung und bearbeiten nach einer kurzen Einweisung selbstständig, ohne weitere Beaufsichtigung oder Anleitung, die MPE-Fragebögen. Bei jeder Frage sollen Sie sich unter den vier abgestuften Antwortmöglichkeiten für die Ihnen am ehesten als zutreffend erscheinende Variante entscheiden. Die Fragen sind einfach und spontan zu beantworten, sodass Sie sich nicht vorbereiten müssen. Das Programm stellt sicher, dass Sie keine Frage unbeantwortet lassen. Die Bearbeitungszeit dauert etwa 40 Minuten.

Selbstständige Bearbeitung

Ergebnis

Der Auswertungsbericht und das MPE-Profil als Balkendiagramm liefern eine Einschätzung zu Ihren Führungspotenzialen. Neben einer zusammenfassenden Empfehlung und Gesamtbeurteilung erhalten Sie für die zehn MPE-Erfolgsfaktoren zu insgesamt 34 Punkten Teilanalysen mit Empfehlungen.

Führungs-potenzial

47

Auch bei guten Testergebnissen können Sie Ihr Führungspotenzial mithilfe der empfohlenen Entwicklungsprozesse noch verbessern. Haben Sie weniger gut abgeschnitten, helfen Ihnen die punktgenauen Empfehlungen bei der Weiterentwicklung Ihres Führungspotenzials.

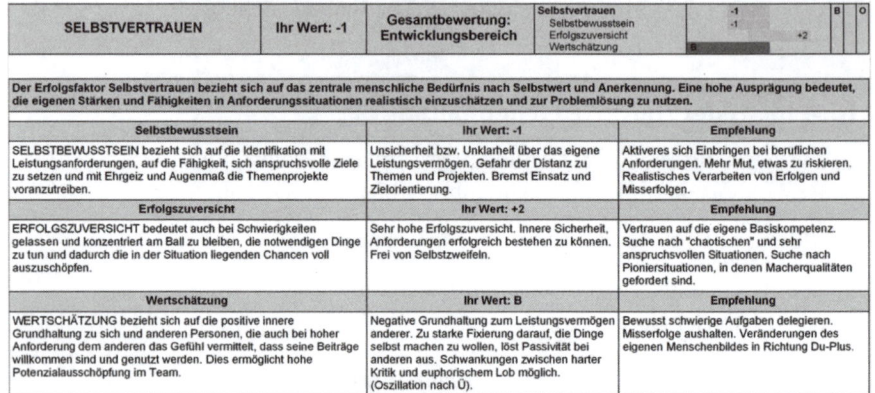

SELBSTVERTRAUEN	Ihr Wert: -1	Gesamtbewertung: Entwicklungsbereich	Selbstvertrauen	-1		B	O
			Selbstbewusstsein	-1			
			Erfolgszuversicht		+2		
			Wertschätzung	B			

Der Erfolgsfaktor Selbstvertrauen bezieht sich auf das zentrale menschliche Bedürfnis nach Selbstwert und Anerkennung. Eine hohe Ausprägung bedeutet, die eigenen Stärken und Fähigkeiten in Anforderungssituationen realistisch einzuschätzen und zur Problemlösung zu nutzen.

Selbstbewusstsein	Ihr Wert: -1	Empfehlung
SELBSTBEWUSSTSEIN bezieht sich auf die Identifikation mit Leistungsanforderungen, auf die Fähigkeit, sich anspruchsvolle Ziele zu setzen und mit Ehrgeiz und Augenmaß die Themenprojekte voranzutreiben.	Unsicherheit bzw. Unklarheit über das eigene Leistungsvermögen. Gefahr der Distanz zu Themen und Projekten. Bremst Einsatz und Zielorientierung.	Aktiveres sich Einbringen bei beruflichen Anforderungen. Mehr Mut, etwas zu riskieren. Realistisches Verarbeiten von Erfolgen und Misserfolgen.

Erfolgszuversicht	Ihr Wert: +2	Empfehlung
ERFOLGSZUVERSICHT bedeutet auch bei Schwierigkeiten gelassen und konzentriert am Ball zu bleiben, die notwendigen Dinge zu tun und dadurch die in der Situation liegenden Chancen voll auszuschöpfen.	Sehr hohe Erfolgszuversicht. Innere Sicherheit, Anforderungen erfolgreich bestehen zu können. Frei von Selbstzweifeln.	Vertrauen auf die eigene Basiskompetenz. Suche nach "chaotischen" und sehr anspruchsvollen Situationen. Suche nach Pioniersituationen, in denen Macherqualitäten gefordert sind.

Wertschätzung	Ihr Wert: B	Empfehlung
WERTSCHÄTZUNG bezieht sich auf die positive innere Grundhaltung zu sich und anderen Personen, die auch bei hoher Anforderung dem anderen das Gefühl vermittelt, dass seine Beiträge willkommen sind und genutzt werden. Dies ermöglicht hohe Potenzialausschöpfung im Team.	Negative Grundhaltung zum Leistungsvermögen anderer. Zu starke Fixierung darauf, die Dinge selbst machen zu wollen, löst Passivität bei anderen aus. Schwankungen zwischen harter Kritik und euphorischem Lob möglich. (Oszillation nach Ü).	Bewusst schwierige Aufgaben delegieren. Misserfolge aushalten. Veränderungen des eigenen Menschenbildes in Richtung Du-Plus.

Abbildung 4: So kann eine Empfehlung beim MPE-Test aussehen.

Indizes

Im Ergebnis werden ebenfalls die Werte für die Indizes – Ego-Index, Zuversichts-Index, Du-Plus-Index, Konsequenz-Index, Integrations-Index – beschrieben. Diese haben sich in einer Faktorenanalyse als generelle Muster herauskristallisiert und fassen in kompakter Form die für Führung relevanten Faktoren zusammen. Entsprechend Ihrer Werte in den einzelnen Indizes werden Empfehlungen formuliert.

Ego-Index (Impact der eigenen Persönlichkeit)

Dieser Index bezieht sich darauf, wie stark sich jemand mit der beruflichen Anforderung identifiziert und aus der Leistungserfüllung und dem Erfolg für sich selbst persönliche Befriedigung schöpft. Ehrgeiz und Herausforderungen stehen hier im Zentrum.

Zuversichts-Index (Zuversicht bei Anforderungen)

Er bezieht sich darauf, wie sehr die eigene Erfolgszuversicht, Selbstkontrolle, Souveränität und Durchsetzungskraft dazu beitragen, hohe Anforderungen zu meistern beziehungsweise in Stress-Situationen die Übersicht und Orientierung zu behalten. Die Bewältigung schwieriger Aufgaben steht im Zentrum.

Du-Plus-Index (positive Grundhaltung)

Er zielt auf die positive Grundhaltung zu sich selbst und anderen Menschen ab, die dazu führt, mit hoher Offenheit und unter wertschätzender Einbindung von Mitarbeitern und Kooperationspartnern die vielfältigen Führungsaufgaben zu meistern. Lösungsorientierung, Wertschätzung und Vertrauen stehen im Zentrum.

Wert-schätzung

Konsequenz-Index (Strukturierung und Ergebnisorientierung)

Dieser Index bezieht sich auf die Fähigkeit, durch Selbstkontrolle, Strukturierung und zielorientierte Führung dafür zu sorgen, dass am Ende qualitativ hochwertige Ergebnisse vorliegen. Resultate, Anspruchsniveau und „unbeugsame Absicht" stehen im Mittelpunkt.

Integrations-Index (Konsistenz in der Wirkung)

Er bezieht sich auf die Konsistenz und Ausgewogenheit der Persönlichkeit im Spannungsfeld der verschiedenen Anforderungen. Konsistenz in der Wirkung ermöglicht es, Spannungsfelder durch ausgleichende und integrierende Wirkung zu balancieren und eine starke Aufgabenorientierung auch unter Hochdruck aufrechtzuerhalten. Rückhalt, Berechenbarkeit und Verlässlichkeit stehen im Zentrum.

Spannungen ausgleichen

49

Einsatzgebiete des Tests und die Gütekriterien

Der MPE-Test wird besonders in den folgenden Bereichen eingesetzt:

- Erfassung von Management-Potenzial
- Management Ratings
- Personalauswahl und Stellenbesetzung
- Management Due Diligence (MDD)
- Potenzialorientierte Trainingsdesigns

Prognose-
Sicherheit

Das Testverfahren ist von Experten aus der Praxis entwickelt worden und bietet angesichts hoher Anforderungen eine gute Prognose-Sicherheit. Es wird permanent weiterentwickelt und orientiert sich an der DIN 33430: Objektivität, Reliabilität und Validität des Verfahrens sind wissenschaftlich überprüft.

Kurzprofil: MPE-Test

Test	MPE: 1987 bis 2007 in Tübingen entwickelt; Management Potential Evaluation
Hersteller/Vertrieb	CEVEY Systems, Tübingen
Internet	http://ceveyconsulting.com
Testart	Computerbasierter Fragebogen zur Erfassung von Management-Potenzial
Methode	Forced-Choice-Verfahren
Wissenschaftliche Betreuung	Prof. Dr. Glaser em., Psychologisches Institut Universität Tübingen
Schwierigkeitsgrad	Positive Selbsteinschätzung
Gütekriterien	DIN 33430: Objektivität, Reliabilität, Validität des Verfahrens sind wissenschaftlich geprüft
Ergebnis	Diagramm, Auswertungsbericht mit Empfehlungen
Items/Dauer	281 Items/40 Minuten

CPI – Californian Psychological Inventory

Der CPI-Test ist ein Persönlichkeitsfragebogen mit 462 Items. Er wird häufig zur Frühidentifikation von Führungstalenten genutzt. Neben einer Charakterisierung nach vier Persönlichkeitstypen (Alpha-, Beta-, Gamma-, Deltatyp) liefern die Messdaten auf sieben Leveln den Grad der Selbstverwirklichung und Kompetenz des jeweiligen Persönlichkeitstyps. Das bedeutet, auf der Grundlage der Messwerte wird eingeschätzt, wie Sie sich besten- beziehungsweise schlimmstenfalls entwickeln können. Ein Alphatyp beispielsweise, bei dem Führungspotenzial zwar vorhanden, aber nicht entwickelt ist, erreicht den niedrigsten Level und wird als angreifend, dienstbeflissen, übereifrig und sich einmischend beschrieben. Die 22 kulturübergreifenden, in fünf Klassen eingeteilten Mess-Skalen nähern sich den Erklärungskonzepten des Alltäglichen:

Führungstalente

Klasse I: Mess-Skalen zur sozialen/gesellschaftlichen Rolle (Ausgeglichenheit, Selbstsicherheit und zwischenmenschliche Kompetenz)
1. Dominanz: Führungsfähigkeit, Dominanz, Einfluss, Streben nach Macht
2. Erfolgspotenzial: Interesse an Erfolg, Ehrgeiz, Karrierestreben
3. Geselligkeit: umgängliches Temperament, Gruppenaktivitäten
4. Soziales Auftreten: Spontaneität, Selbstvertrauen
5. Selbstbejahung: Selbstwert, Freiheit von Selbstzweifeln
6. Eigenständigkeit: zielorientiert, willensstark, tüchtig
7. Mitgefühl: Intuition, sich in andere hineinversetzen

Klasse II: Mess-Skalen für Sozialisation, Maturität, Verantwortlichkeit und intrapersönliche Wertsystemstrukturierung

1. Verantwortlichkeit: gewissenhaft, pflichtbewusst

2. Soziale Anpassung: soziale Reife, Neigung risikofreudig/risikoscheu

3. Selbstanpassung: Selbststeuerung, Selbstbeherrschung

4. Guter Eindruck: sich gut verkaufen können

5. Konventionalität: entspricht den allgemeinen Mustern/Verhaltensnormen

6. Wohlbefinden: Zufriedenheit

7. Toleranz: tolerant, offen, ohne starke Vorurteile

Klasse III: Mess-Skalen für Leistungspotenzial und intellektuelle Effizienz

1. Leistung durch Anpassung: wertet Anpassung positiv, Strukturen, Regeln

2. Leistung durch Unabhängigkeit: unerprobte Situation, ohne externe Leitung

3. Einsatz von Intelligenz: Effizienz der intellektuellen persönlichen Ressourcen

4. Psychologisches Feingefühl: Treffsicherheit der Personenbeurteilung

Klasse IV: Mess-Skalen für persönliche Orientierung und Lebenseinstellung

1. Flexibilität: gegenüber Veränderungen und Überraschungen

2. Rationalität/Intuition: Maskulinität oder Feminität der Interessen

Klasse V: Mess-Skalen für Management-Potenzial und Arbeitsethik

1. Management-Potenzial: Führungsfähigkeit, Streben nach Führungsposition

2. Arbeitsorientierung: Verantwortungs-, Pflichtbewusstsein, Selbstdisziplin

Tabelle 1: Die fünf Klassen der 22 CPI-Skalen

Besonderheiten des Testverfahrens

Der CPI-Test wurde an der University of Minnesota von Harrison Gough entwickelt. Bereits im Jahr 1956 wurde die erste Version publiziert. Vorrangiges Ziel des Tests ist es, einen Probanden aus der Perspektive von Personen zu beschreiben, die ihn jeden Tag erleben. Der Test wird zudem häufig zur Identifikation von Führungspotenzial genutzt. Laut Gough lassen sich aus den Ergebnissen der beantworteten 462 Items folgende Aussagen ableiten:

- Vorhersage dessen, was Personen in einem spezifischen Kontext sagen oder tun werden

- Identifikation von Personen, die auf eine bestimmte signifikante Weise bewertet und beschrieben werden.

Das bedeutet, dass aufgrund Ihrer Antworten und der Grundlage von Referenzprofilen ermittelt wird, wie weit Sie sich als Persönlichkeit entwickelt haben. Daraus lassen sich Tendenzen erkennen und Prognosen für Ihr künftiges Verhalten ableiten, beispielsweise, ob Sie ein Führungstalent sind. Der Test arbeitet mit dem sogenannten Cuboid-Modell, das vier Persönlichkeitstypen unterscheidet:

Persönlichkeitsentwicklung

- den ehrgeizigen Führungstyp

- den unerschütterlichen Heiligen

- den abenteuerlustigen Innovator

- den fantasievollen Künstler

53

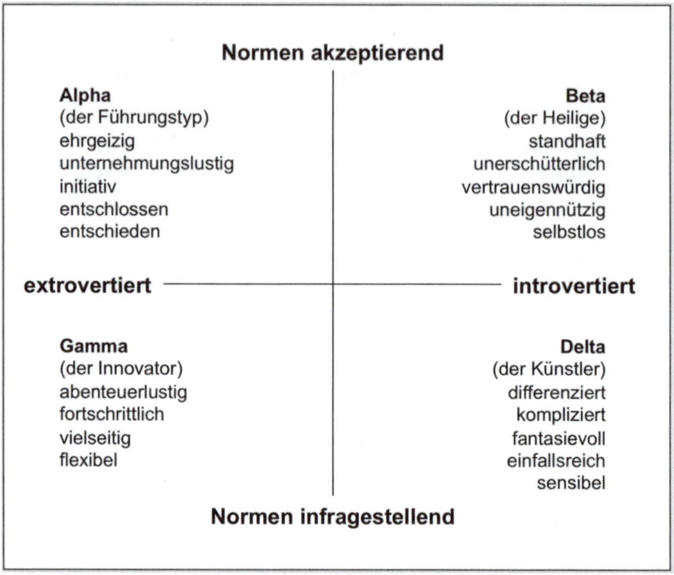

Normen akzeptierend

Alpha	Beta
(der Führungstyp)	(der Heilige)
ehrgeizig	standhaft
unternehmungslustig	unerschütterlich
initiativ	vertrauenswürdig
entschlossen	uneigennützig
entschieden	selbstlos

extrovertiert ———————————————— **introvertiert**

Gamma	Delta
(der Innovator)	(der Künstler)
abenteuerlustig	differenziert
fortschrittlich	kompliziert
vielseitig	fantasievoll
flexibel	einfallsreich
	sensibel

Normen infragestellend

Abbildung 5: Cuboid-Persönlichkeitstypen

Durchführung des Tests

In der Onlineversion des CPI-Tests werden Ihnen 462 Fragen gestellt, die Sie im Forced-Choice-Format als richtig oder falsch einschätzen sollen. Für die Beantwortung werden Sie etwa 60 bis 90 Minuten benötigen.

Ergebnis

Profil

Sie erhalten einen CPI-Profil-Report mit einem Auswertungsbericht und Diagrammen, die Ihr Profil im Vergleich mit der Normgruppe des entsprechenden Geschlechts darstellen. Im Ergebnis spielt es keine Rolle, ob Sie die 462 Fragen im Sinne einer lückenlosen Informationsweitergabe beantwortet haben. Entscheidend ist nicht Ihr „wahres" Verhalten, sondern die Art und Weise, wie Sie sich selbst präsentieren, also wie Sie gesehen werden wollen. Der CPI kann Ihnen dabei helfen, eine zu Ihrem Selbstkonzept passende Rollendefinition zu finden, denn in derjenigen beruflichen Rolle, bei der die beste Übereinstimmung von Selbstkonzept und Eignung besteht, ist es am wahrscheinlichsten, dass Sie Ihren Beruf erfolgreich ausüben.

Selbstkonzept

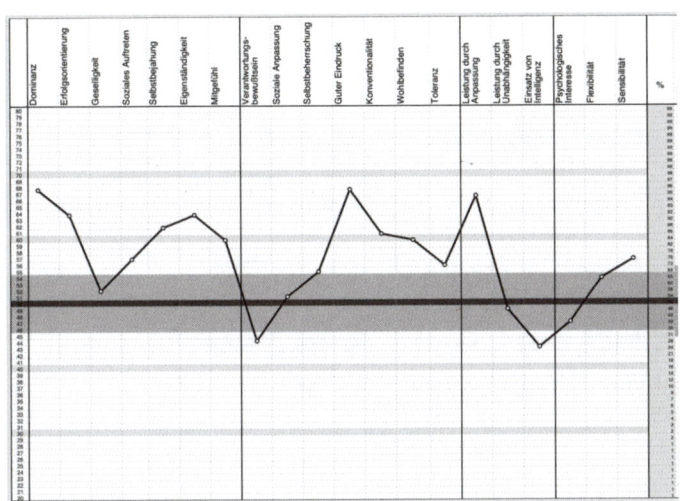

Abbildung 6: Beispiel für ein CPI-Profil

Einsatzgebiete des Tests und die Gütekriterien

Der CPI-Test wird besonders in den folgenden Bereichen eingesetzt:

- Erfassung und Prognose von Management-Potenzial

- Recruiting

- Berufseignungsdiagnostik

Seit 45 Jahren wird der CPI-Test fortentwickelt und validiert. Aufgrund der Vielzahl von Befunden kann eine Validität für die Prognose bestimmter Aspekte des beruflichen Erfolgs – in Form von Leistungsbewertungen – nachgewiesen werden.

Kurzprofil: CPI-Test

Test	CPI: 1975 in Minnesota/USA entwickelt; Californian Psychological Inventory
Hersteller/Vertrieb	CPP, Menlo Park/USA
Internet	https://www.cpp.com/products/cpi/index.aspx
Testart	Computerbasierter Test zur Früherkennung von Management-Talenten
Methode	Forced-Choice-Verfahren
Wissenschaftliche Betreuung	Prof. Harrison G. Gough, University of Minnesota/USA
Schwierigkeitsgrad	Spontan antworten; lassen Sie sich nicht provozieren
Gütekriterien	Objektivität, Reliabilität und Validität des Verfahrens werden wissenschaftlich geprüft
Ergebnis	Diagnose von Führungstalenten, Selbstanalyse Diagramme, Auswertungsbericht
Items/Dauer	462 Items/60 bis 90 Minuten

MBTI – Myers-Briggs-Typen-Indikator

Das MBTI-Instrument wurde von Katharine Briggs und ihrer Tochter Isabel Myers entwickelt. Es basiert auf der Arbeit von Carl Gustav Jung und seiner Theorie vom psychologischen Typ. Der MBTI ist ein psychologischer Test, der zur Einschätzung der Persönlichkeit eingesetzt wird. Anhand Ihrer Antworten auf die 90 Fragen, die im Forced-Choice-Verfahren A- und B-Aussagen vorgeben, ermittelt der MBTI, welcher der 16 verschiedenen Persönlichkeitstypen Sie am besten beschreibt. Es werden acht gegensätzliche Persönlichkeitspräferenzen betrachtet (Beispiel: Extraversion – Introversion). Da jede der Präferenzen durch einen Buchstaben verkörpert wird, verwendet man einen vierstelligen Buchstaben-Code als Kürzel, um Ihren Typ zu beschreiben. Wenn die acht Persönlichkeitspräferenzen auf jede mögliche Art und Weise kombiniert werden, ergeben sich 16 verschiedene Typen.

Persönlichkeitstyp

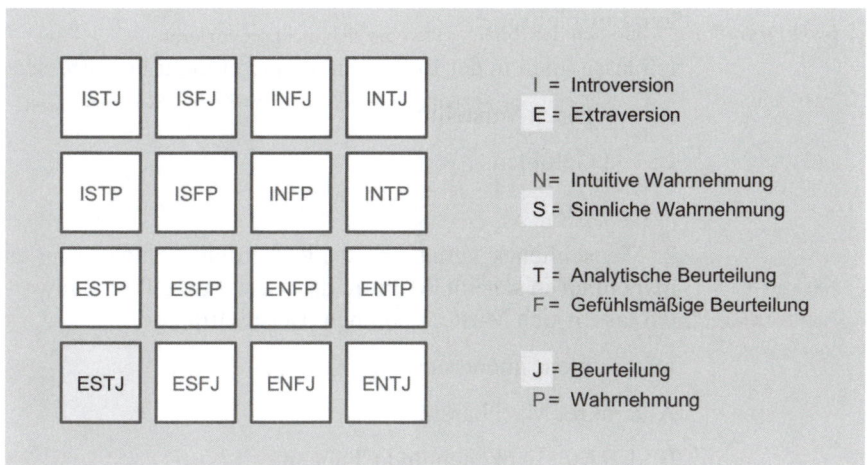

Abbildung 7: Kürzel für die 16 MBTI-Typen

Besonderheiten des Testverfahrens

Der MBTI-Test fußt auf der Typentheorie, die der Schweizer Arzt und Psychologe Carl Gustav Jung im Jahr 1921 mit seinem Werk *Psychologische Typen* begründet hat. Auf dieser Basis entwickelte die Amerikanerin Isabel Myers einen Fragebogen zur Identifizierung von Persönlichkeitspräferenzen, der 1962 erstmals veröffentlicht wurde.

Als Proband des MBTI-Tests werden Ihnen 90 Fragen vorgelegt. Die ausgewerteten Antworten tragen dazu bei, dass Sie sich selbst und das Verhalten anderer besser verstehen, nutzen und schätzen lernen. Sie können bei dem Test nichts verlieren, denn alle Präferenzen sind gleich wichtig. Im Folgenden werden die entscheidenden Punkte der MBTI-Theorie zusammengefasst:

Umgang mit Informationen

1. Es gibt zwei Wahrnehmungsprozesse (sinnlich/intuitiv) und zwei Beurteilungsprozesse (analytisch/gefühlsmäßig). Ihre Antworten zu entsprechenden Fragen beschreiben im Testergebnis, wie Sie Informationen aufnehmen und beurteilen. Beispielfrage:

Ich lasse mich in der Beurteilung anderer mehr beeinflussen

A: von festen Vorstellungen

B: von Gefühlen

Muster

2. Menschliches Verhalten ist nicht zufällig, auch wenn es manchmal so scheint. Mithilfe der Auswertung Ihrer Antworten lassen sich Muster erkennen. Beispielfrage:

Ich bin mehr interessiert an

A: konkret Machbarem

B: den Möglichkeiten und Chancen

3. Menschliches Verhalten ist unterschiedlich, weil es bestimmte Neigungen und Präferenzen gibt:

Neigungen

- bei der Einstellung zur Umwelt (Kontaktaufnahme),
- bei der Wahrnehmung (Informationsaufnahme),
- bei der Entscheidung (Informationsbewertung),
- bei der Einstellung zum Handeln (Herangehensweise).

Worauf Sie Ihre Aufmerksamkeit richten	Extraversion (E)	«« oder »»	Introversion (I)
Wie Sie Informationen aufnehmen	Empfinden (S)	«« oder »»	Intuition (N)
Wie Sie Entscheidungen treffen	Denken (T)	«« oder »»	Fühlen (F)
Wie Sie mit der Außenwelt umgehen	Urteilen (J)	«« oder »»	Wahrnehmen (P)

Abbildung 8: Kategorien der Persönlichkeit beim MBTI-Test

Der MBTI darf nur von lizenzierten Beratern und Trainern angewendet werden. Voraussetzung für die Aufnahme in den deutschen Dachverband (Deutsche Gesellschaft für angewandte Typologie, DGAT) ist eine Erklärung, in der sich der Betreffende von der Scientology-Organisation und den von L. Ron Hubbard begründeten Theorien und Methoden abgrenzt. Damit soll das klare Bekenntnis zum humanistischen Menschenbild bezeugt werden, das die Grundlage der MBTI-Theorie bildet.

Lizenzierte Berater

Durchführung des Tests

Bei der Online- sowie bei der Papierversion des MBTI-Tests werden Sie aufgefordert, bei 90 Fragen zu entscheiden, welche der beiden Aussagen – A oder B – besser auf Sie zutrifft. Wichtig ist, dass Sie dabei nicht lange überlegen. Entscheiden Sie sich zügig für eine der beiden Möglichkeiten, auch wenn beide irgendwie auf Sie zutreffen. Die Fragen werden im Forced-Choice-Verfahren dargeboten, das heißt, dass Sie alle Fragen beantworten müssen.

Bei der Bearbeitung der Testfragen geht es nicht um richtige oder falsche Antworten. Ihre Präferenzen und nicht Ihre Fertigkeiten, Fähigkeiten oder Kompetenzen sind gefragt. Wenn Sie sich, wie empfohlen, jeweils spontan für eine Antwort entscheiden, haben Sie den Test in zehn Minuten bearbeitet.

Spontane Antwort

Ergebnis

Sie erhalten in der EDV-gestützten Auswertung einen vierstelligen Buchstaben-Code, der Ihren Persönlichkeitstyp beschreibt. Eine Schilderung der jeweiligen Typen wird mitgeliefert. Ein MBTI-Experte kann Ihnen weitere Hinweise zu Ihrem Persönlichkeitsprofil geben und auch die Typenbeschreibung näher ausführen.

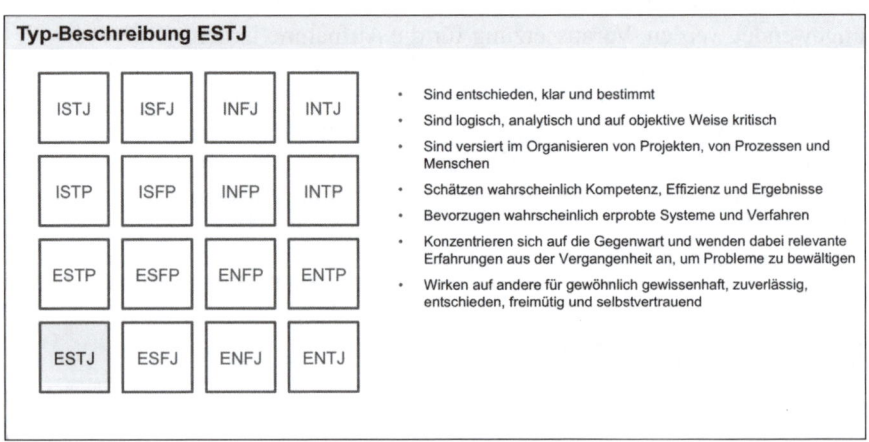

Abbildung 9: MBTI-Charakterisierung des Typs ESTJ

Ihre Antworten zeigen in der MBTI-Bewertung nicht nur Ihre Präferenzen, sondern auch die relative Eindeutigkeit Ihrer Präferenzen – das heißt, wie klar Sie sich für einen bestimmten Pol gegenüber seinem Gegenstück positioniert haben. Dies wird Präferenzwert genannt. Ein längerer Balken im Auswertungsdiagramm impliziert, dass Sie sich über Ihre Präferenzen deutlich im Klaren sind. Ein kürzerer Balken hingegen weist darauf hin, dass Sie sich Ihrer Präferenzen weniger sicher sind.

Präferenz-
wert

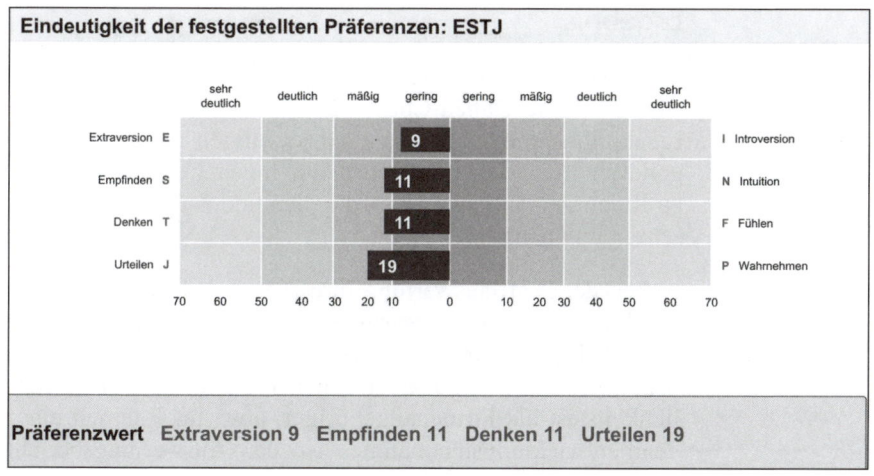

Abbildung 10: MBTI-Präferenzwerte

Festgestellter Typ: ESTJ					
Worauf Sie Ihre Aufmerksamkeit richten	**E**	**Extraversion:** Menschen, die Extraversion bevorzugen, neigen dazu, ihre Aufmerksamkeit auf die Außenwelt der Menschen und Dinge zu richten.	**I**	**Introversion:** Menschen, die Introversion bevorzugen, neigen dazu, ihre Aufmerksamkeit auf die Innenwelt, auf Gedanken und Eindrücke zu richten.
Wie Sie Informationen aufnehmen	**S**	**Empfinden:** Menschen, die Empfinden bevorzugen, neigen dazu, Informationen über die fünf Sinne aufzunehmen und sich auf das Hier und Jetzt zu konzentrieren.	**N**	**Intuition:** Menschen, die Intuition bevorzugen, neigen dazu, Informationen von Mustern und dem großen Gesamtbild aufzunehmen und konzentrieren sich auf zukünftige Möglichkeiten.
Wie Sie Entscheidungen treffen	**T**	**Denken:** Menschen, die Denken bevorzugen, treffen eher Entscheidungen, die primär auf Logik und objektiver Analyse von Ursache und Wirkung basieren.	**F**	**Fühlen:** Menschen, die Fühlen bevorzugen, treffen eher Entscheidungen, die primär auf Werten und der subjektiven Bewertung von persönlichen Belangen basieren.
Wie Sie mit der Außenwelt umgehen	**J**	**Urteilen:** Menschen, die Urteilen bevorzugen, neigen zu einer geplanten und organisierten Herangehensweise an das Leben und bevorzugen es, Dinge geregelt zu haben.	**P**	**Wahrnehmen:** Menschen, die Wahrnehmen bevorzugen, neigen zu einer flexiblen und spontanen Herangehensweise an das Leben und bevorzugen es, sich Möglichkeiten offen zu halten.

Abbildung 11: Was den MBTI-Typ ESTJ kennzeichnet

Firmen-auswertung

Neben der Profilauswertung Ihres Persönlichkeitstyps bietet der Test auch eine Auswertung für Organisationen, die sich auf die Präferenzen und Verhaltensweisen des Kandidaten bezüglich der Arbeit bezieht. Machen Sie den MBTI-Persönlichkeitstest als Firmenangehöriger, etwa im Rahmen einer Teamentwicklungsmaßnahme, ist der Auswertungsbericht folgendermaßen aufgebaut:

- Arbeitsstil-Tabelle
- Tabelle für Präferenzen bei der Arbeit
- Tabelle für den Kommunikationsstil
- Reihenfolge Ihrer Präferenzen
- Ihr Ansatz zur Problemlösung
- Tabelle für das Herangehen an Problemlösungen

Arbeitsstil

Beiträge zur Organisation:
- Agieren als Problemlöser, die sich der jeweiligen Lage gewachsen zeigen
- Fungieren als „wandelnde Informationsspeicher" in Bereichen, die sie interessieren
- Finden praktische Wege, Aufgaben gezielt zu erfüllen, und überwinden alles, was dem im Weg steht
- Fügen Expertenwissen auf Interessensgebieten hinzu, auf denen sie über technische Fertigkeiten verfügen

Führungsstil:
- Führen durch Taten und indem sie ein Beispiel geben
- Ziehen es vor, dass jede Person als gleichgestellt behandelt wird und ihren eigenen Einfluss geltend macht
- Reagieren schnell, wenn es Probleme gibt, wobei sie die am meisten zweckdienlichen Techniken anwenden
- Leiten andere auf lockere Art und Weise und bevorzugen auch für sich minimale Überwachung

Bevorzugte Arbeitsumgebung:
- Binden tatorientierte Menschen mit ein, die sich auf die unmittelbare Situation konzentrieren
- Sind projektorientiert und aufgabenorientiert
- Schenken dem Aufmerksamkeit, was logisch ist
- Honorieren eine schnelle Antwort auf Probleme
- Berücksichtigen praktische Erfahrung
- Bieten Freiheit, die Arbeit so zu erledigen, wie sie es für angemessen ansehen
- Fördern Unabhängigkeit und Selbstständigkeit

Bevorzugter Lernstil:
- Lebhaft und unterhaltsam
- Nützlicher Inhalt und praktische Anwendung, die für sie von Interesse sind

Mögliche Fallstricke:
- Können wichtige Dinge für sich behalten und erscheinen dabei unbetroffen
- Bringen Dinge eventuell nicht zu Ende und machen weiter, bevor ihre vorausgegangene Bemühung Früchte trägt
- Können Bemühungen scheuen, denken übertrieben zweckorientiert und nehmen Abkürzungen
- Können als unentschlossen und als mit einem Mangel an Interesse, Energie und Durchhaltevermögen erscheinen

Vorschläge für Entwicklung:
- Müssen sich unter Umständen öffnen und ihre Bedenken und Informationen mit anderen teilen
- Müssen unter Umständen Durchhaltevermögen entwickeln oder richtungsweisende Änderungen vermitteln
- Müssen unter Umständen vorausplanen und so viel Energie investieren, wie nötig ist, um gewünschte Ergebnisse zu erzielen
- Müssen unter Umständen Methoden der Zielsetzung und Zielerreichung entwickeln

Abbildung 12: MBTI-Auswertung für Firmen: Arbeitsstil-Tabelle

Einsatzgebiete des Tests und die Gütekriterien

Der MBTI-Test wird vor allem in den folgenden Bereichen eingesetzt:

- Leistungsoptimierung von Mitarbeitern im Unternehmen

- Entwicklung und Coaching von Führungskräften

- Teamanalyse und -entwicklung

- Karriereberatung

- Steigerung von sozialer Kompetenz

| Wissen-schaftliche Absicherung | Das MBTI-Testverfahren ist wissenschaftlich abgesichert und wird von der renommierten Consulting Psychologists Press vertrieben. Zu den Bereichen Objektivität, Reliabilität und Konstruktvalidität (siehe hierzu Glossar) liegen umfangreiche Untersuchungen vor. |

Validität

Über 72 Prozent aller Teilnehmer des MBTI-Testverfahrens finden sich in dem durch den Fragebogen ermittelten Typ voll wieder. Nur weniger als 7 Prozent sehen eine Abweichung ihres „Best-Fit-Typus" in mehr als einem Buchstaben. Darüber hinaus beweisen Studien, die den MBTI mit anderen psychometrischen Instrumenten vergleichen, immer wieder, dass die Messergebnisse des Instruments signifikant in die von der Theorie erwartete Richtung weisen. Auch Studien zum Thema Typ und Beruf erbrachten signifikante Validitätswerte und stützen die Aussagen des MBTI-Tests.

Kurzprofil: MBTI-Test

Test	MBTI: 1962 in den USA veröffentlicht; Myers-Briggs-Typen-Indikator
	Persönlichkeitsbeschreibung und -analyse
Hersteller/Vertrieb	MBTI Katharine Briggs und Isabel Myers
Internet	https://www.cpp.com/products/mbti/index.aspx
Testart	Psychologische Persönlichkeitsanalyse zur Identifizierung persönlicher Präferenzen
Methode	Forced-Choice-Verfahren
Wissenschaftliche Betreuung	Katharine Briggs, USA
	Isabel Myers, USA
Schwierigkeitsgrad	Fragen spontan beantworten
Gütekriterien	Objektivität, Reliabilität und Validität des Verfahrens sind wissenschaftlich geprüft
Ergebnis	Erkennen eigener Präferenzen, Selbstanalyse
	Auswertungsdiagramme, Bericht, Auswertungsgespräch
Items/Dauer	90 Items/10 bis 20 Minuten

CAPTain – Computer Aided Personnel Test answers inevitable

CAPTain ist ein arbeitsbezogener webbasierter psychometrischer Test, der auf Selbstauskünften basiert. Es geht dabei um die Beschreibung und Messung Ihres konkreten Verhaltens am Arbeitsplatz. Als Proband dieses Tests werden Sie aufgefordert, aus 183 Paaren von Aussagen aus der Arbeitswelt jeweils eine als für Ihren Arbeitsstil zutreffend auszuwählen. Ihre Angaben dienen als Grundlage für die Identifizierung und Messung Ihrer Verhaltensdisposition im Arbeits- und Leistungsbereich. Insgesamt werden 38 Dimensionen unter anderem zu folgenden Themen erfasst:

Verhalten am Arbeitsplatz

* Führungsverhalten
* Umgangsstil und Zusammenarbeit
* Pragmatismus und Kreativität
* Einstellung zur Arbeit und Ambitionen
* Eigenverantwortung und Selbstständigkeit
* Zielorientierung und Entscheidungsfreude
* Systematik und Genauigkeit
* Aktivität
* Selbstvertrauen

Besonderheiten des Testverfahrens

Der CAPTain-Test beschreibt und misst Ihren Arbeits- und Leistungsstil, beispielsweise wie Sie Aufgabenstellungen lösen, sich im Team verhalten oder mit Kunden und Mitarbeitern umgehen. Er unterscheidet dabei zwischen Ihrem subjektiven Selbstbild und dem objektiven Testergebnis. Grundlage für diese Unterscheidung sind Ihre Angaben in

Arbeitsstil

zwei verschiedenen Fragebögen (Paarvergleichsfragen beim CAPTain-subjektiv-Fragebogen und eine 11er-Skala als Antwortformat bei der CAPTain-Selbsteinschätzung).

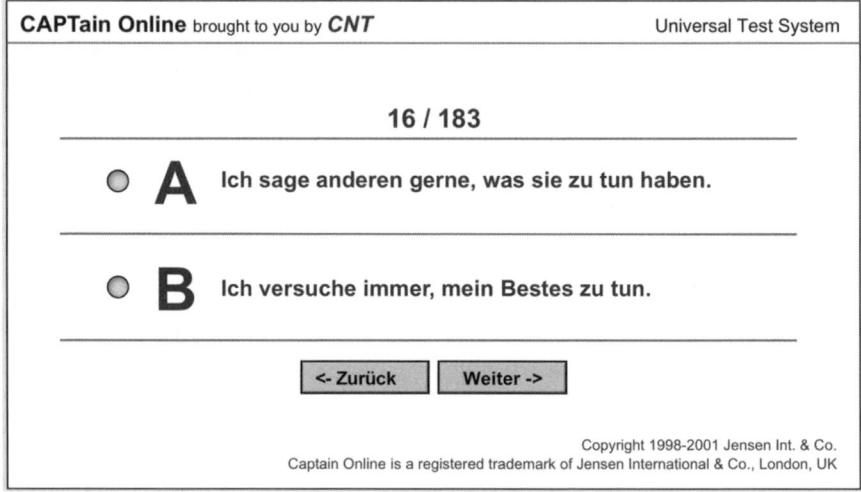

Abbildung 13: Paarvergleichsfragen beim CAPTain-subjektiv-Fragebogen

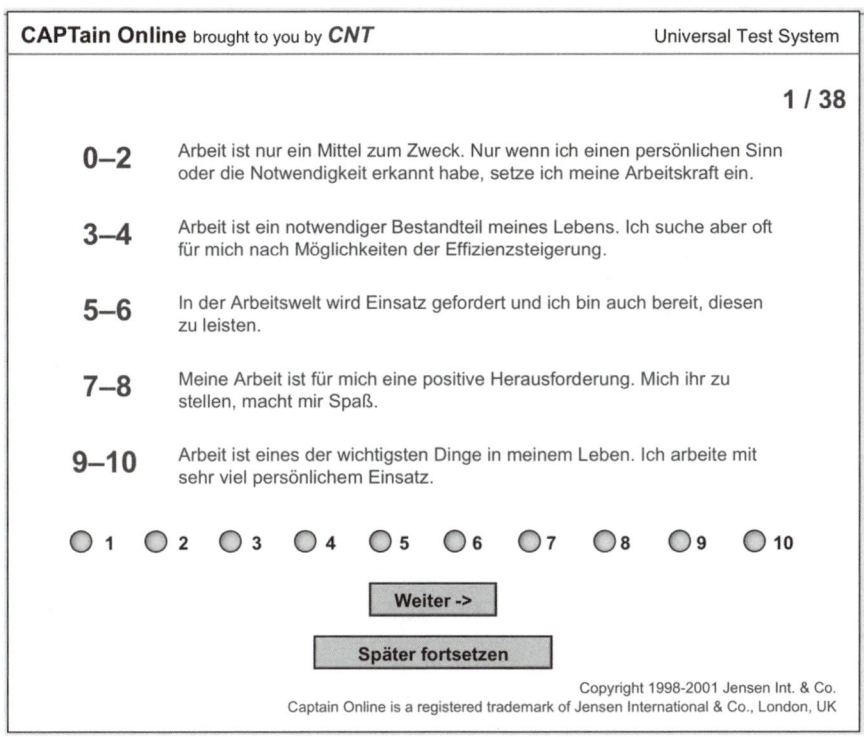

Abbildung 14: Beispiel für die 11er-Skala zur Selbsteinschätzung. Hier geht es um Ihre Einstellung zur Arbeit.

Das messtheoretische Modell dieses Tests wurde 1980 in Skandinavien entwickelt. In psychologischer Hinsicht orientiert sich die Konstruktion von CAPTain am Persönlichkeitsmodell des amerikanischen Motivationsforschers Henry A. Murray. Dieses Modell fokussiert auf die Schnittstelle zwischen der Persönlichkeit (need) und den Anforderungen (press), also auf das Zusammenspiel von Mensch und Umwelt.

Mensch und Umwelt

Wenn Sie Proband dieses Tests sind, wird nicht geprüft, wie selbstständig Sie zum Beispiel im Vergleich zu Ihrer Berufs-

oder Altersgruppe arbeiten. Vielmehr wird abgefragt, ob Sie exakt das Maß an Selbstständigkeit mitbringen, das für die vakante Position gefordert ist. Das Augenmerk liegt dabei auf den Verhaltensdispositionen am Arbeitsplatz; Annahmen zur Tiefenstruktur Ihrer Persönlichkeit haben keine Bedeutung.

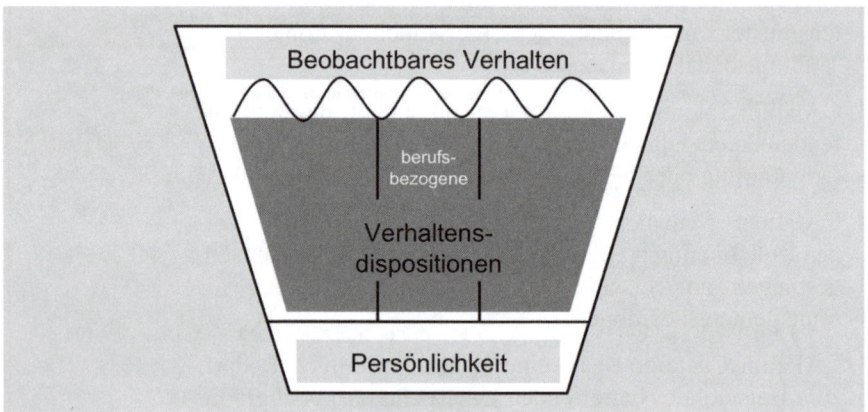

Abbildung 15: „Badewannenmodell": Der CAPTain-Test misst Ihre arbeitsbezogenen Verhaltensdispositionen.

Verhaltens-
dispositionen

Am Beispiel der CAPTain-Kategorie „Führungseigenschaften" beschreiben und messen die folgenden vier Dimensionen Ihre Verhaltensdispositionen, sowohl in Bezug auf Ihr Verhalten gegenüber Mitarbeitern als auch gegenüber Vorgesetzten:

• Führungsstärke

• Delegation

• Einflussnahme

• Autoritätsorientierung

Den CAPTain-Test gibt es in fünf verschiedenen Ausführungen:

1. CAPTain Advanced ist ein differenziertes Assessment-Verfahren für Berater und Trainer. Seine Anwendung setzt eine Schulung voraus.

2. CAPTain Smart beschreibt trainingsrelevante Verhaltensmuster und dient der individuellen, objektiven Trainingsbedarfsanalyse.

3. CAPTain Talents ist ein einfach und schnell durchzuführender Potenzialtest, der bei der persönlichen beruflichen Orientierung oder bei allen Personalentscheidungen hilft.

Potenzialtest

4. CAPTain Management-Kompetenz beschreibt in einem mehrseitigen Bericht die Verhaltenskompetenzen, gespiegelt an verschiedenen Anforderungsprofilen für Management-Positionen.

5. CAPTain Customized ist eine an den jeweiligen Bedarf, zum Beispiel des betreffenden Unternehmens, hochgradig angepasste Version mit hinterlegten kundenspezifischen Normen und Auswertungsmodi.

Durchführung des Tests

CAPTain Advanced wird webbasiert durchgeführt. Sie erhalten einen individuellen Zugang zum Test. Er beginnt mit einer kurzen Einweisung in das Verfahren. Anschließend werden Sie aufgefordert, die am Bildschirm angezeigten Fragen zu bearbeiten. Eine Vorbereitung ist nicht möglich, die Fragen sollen spontan, aus dem Bauch heraus, beantwortet werden. Die Bearbeitung der Fragebögen dauert in der Regel etwa 30 Minuten, die zusätzliche direkte Selbsteinschätzung zu den CAPTain-Dimensionen noch einmal weitere 30 Minuten.

Spontane Antworten

Wenn Sie beide Testbögen bearbeitet haben, wird es Ihnen möglicherweise so wie 90 Prozent der Probanden ergehen: Die Ergebnisse Ihres subjektiven Selbstbilds weichen mitunter stark vom objektiven Testergebnis ab. Das mag beispielsweise an dem berühmten blinden Fleck liegen oder am Wunsch, dem Idealbild zu entsprechen. Hier haben Sie die Chance, sich selbst auf die Schliche zu kommen, um sich weiterzuentwickeln.

Ergebnis

Die Auswertung erfolgt automatisch und liegt Ihnen nach einigen Sekunden vor. Machen Sie den Test im Rahmen einer Stellenbesetzung, kann das relevante Anforderungsprofil in der CAPTain-Software hinterlegt werden. Das Testergebnis zeigt dann anhand der Übereinstimmungen mit dem Profil oder der Abweichungen zuverlässig, ob Sie der richtige Kandidat für die entsprechende Position sind. Wenn Sie bei geringen Abweichungen gegenüber dem Anforderungsprofil die empfohlenen Personalentwicklungsmaßnahmen durchgeführt haben und anschließend den Test erneut machen, können die entsprechenden Veränderungen identifiziert werden.

Ergebnis-bericht Der folgende Auszug aus einem exemplarischen Ergebnisbericht lässt erkennen, wie stark einzelne Merkmale ausgeprägt sind, wo Selbstbild und Testbild voneinander abweichen und inwiefern der Kandidat dem Anforderungsprofil entspricht.

0-10 = CAPTain   **0-10 = Subjektiv**

ARBEITSLEISTUNG			0	1	2	3	4	5	6	7	8	9	10	
A01	Einstellung zur Arbeit	nützlichkeitsorientiert										9		sehr einsatzfreudig
A02	Zielorientierung	wenig zielorientiert						5		7				sehr zielorientiert
A03	Persönliche Beteiligung	lässt andere arbeiten			2		4							will alles selbst tun
A04	Selbstorganisation	flexibel, anlassbezogen							6					sehr systematisch
A05	Detailorientierung	an Details nicht interessiert	0			3								Details im Mittelpunkt
A06	Arbeitstempo	nimmt sich Zeit				3				7				arbeitet sehr schnell
A07	Ausdauer	ungeduldig							6	7				ausdauernd
A08	Selbstständigkeit	will exakte Vorgaben								7				will keine Vorgaben
A09	Arbeitsplanung	praktisch, spontan						5						theoretisch, planerisch
A10	Bedürfnis nach Abwechslung	bleibt beim Alten								7				braucht Abwechslung
A11	Beständigkeit	führt wenig zu Ende					4		6					beendet die Aufgaben immer

FÜHRUNGSEIGENSCHAFTEN			0	1	2	3	4	5	6	7	8	9	10	
B01	Führungsstärke	führt nicht					4				8			autoritär, dominant
B02	Delegation	delegiert nicht								7		9		delegiert sehr
B03	Einflussnahme	wenig Einflussnahme						5		7				sehr viel Einflussnahme
B04	Autoritätsorientierung	eigenverantwortlich, unabhängig			2		4							an Autoritäten orientiert

Abbildung 16: Auszug aus einem exemplarischen Ergebnisbericht

Einsatzgebiete des Tests und die Gütekriterien

Der CAPTain-Test wird vor allem in den folgenden Bereichen eingesetzt:

- Assessment-Center, Development-Center
- Auswahl von Fach- und Führungskräften sowie von Vertriebsmitarbeitern
- E-Recruiting
- Trainingsbedarfsanalyse, Coaching
- Erfolgskontrolle von Maßnahmen zur Personalentwicklung, Führungskräfteentwicklung, Internationale Personalentwicklung
- Potenzialanalyse, Manager Audit
- Outplacement
- Vertriebsoptimierung, Vertriebstraining

Untersuchungen zur Güte von CAPTain bescheinigen dem Verfahren eine hohe Aussagefähigkeit für den Einsatz in der Arbeits- und Berufswelt. Der Test orientiert sich an der DIN 33430. Objektivität, Reliabilität und Validität des Verfahrens sind wissenschaftlich überprüft.

Hohe Aussagefähigkeit

Reliabilität

Die Reliabilität von CAPTain wurde 1996 mit der Test-Retest-Methode gemessen: Mit 66 Personen wurde der Test in einem Abstand von zwei Tagen bis zu einer Woche zweimal durchgeführt. 36 Frauen und 30 Männer aus unterschiedlichen Branchen, von Sachbearbeitern bis zur überwiegend unteren Führungsebene, mit in der Regel fünf Jahren Berufserfahrung nahmen an der Untersuchung teil. In einer zweiten Studie mit 103 Personen an der Universität Karlstad (Schweden) im Jahr 2003 konnten die Reliabilitätskoeffizienten reproduziert werden. Die Testpersonen führten dabei CAPTain nach vier Wochen noch einmal durch (Reliabilitätsmittelwert der CAPTain-Skalen: r = 0,64).

Validität

Hohe Güte

Nach Einschätzung der Experten stellen die praxisbezogenen Beurteilungsdimensionen Kriterien dar, die für den beruflichen Erfolg ausschlaggebend sind. Für 74 Prozent der CAPTain-Dimensionen ist bisher nachgewiesen, dass sie zwischen erfolgreichen und nicht erfolgreichen Assessment-Center-Teilnehmern unterscheiden können. 82 Prozent der Dimensionen können zwischen erfolgreichen und weniger erfolgreichen Mitarbeitern unterscheiden. 92 Prozent der Dimensionen CAPTains können zwischen den Angehörigen verschiedener Berufsgruppen differenzieren.

Objektivität

CAPTain ist ein Verfahren, bei dem der Proband nur mit dem Computer interagiert. Dieser führt auch die Berechnung der Ergebnisse durch. Deshalb zeichnen sich CAPTain-Testwerte durch ein Höchstmaß an Objektivität in der Durchführung und Auswertung aus.

Kurzprofil: CAPTain-Test

Test Hersteller/Vertrieb	CAPTain: 1980 in Skandinavien entwickelt; Computer Aided Personnel Test answers inevitable CNT Gesellschaft für Personal- und Organisationsentwicklung mbH, Hamburg
Internet	http://www.cnt-gesellschaften.com
Testart	Computerbasierter Persönlichkeitsfragebogen zur Messung berufsbezogener Verhaltensdispositionen
Methode	Forced-Choice-Verfahren
Wissenschaftliche Betreuung	Prof. Dr. Hunter Mabon, University of Stockholm
Schwierigkeitsgrad	Fragen spontan beantworten
Gütekriterien	DIN 33430: Objektivität, Reliabilität und Validität des Verfahrens sind wissenschaftlich geprüft
Ergebnis	Beschreibung des Arbeitsstils; gibt Hinweise, um die richtige Position zu finden Diagramm, Auswertungsbericht
Items/Dauer	183 Items/30 bis 60 Minuten

DISG – dominant, initiativ, stetig, gewissenhaft

Das DISG-Persönlichkeitsmodell ist ein psychologisches Testverfahren, welches die unterschiedlichen Persönlichkeitstypen mit ihren jeweiligen Verhaltenstendenzen beschreibt. Hinter dem Buchstabenkürzel DISG verbergen sich die vier Grundtypen mit den Verhaltenstendenzen dominant, initia-

Persönlichkeitstypen

Selbstbild-
vergleich

tiv, stetig und gewissenhaft. Als Kandidat dieses Verfahrens müssen Sie nicht befürchten, auf einen dieser vier Typen festgelegt zu werden, sondern es geht vielmehr darum, welche Anteile in welcher Kombination Ihren Typ ausmachen. Dabei erfasst und vergleicht der Test Ihr „äußeres", „inneres" sowie Ihr „integriertes Selbstbild". Zur Selbstanalyse können Sie den Test auch mithilfe eines Handbuchs ausführen und bewerten. In der Onlineversion müssen Sie 28 Items im Forced-Choice-Verfahren beantworten.

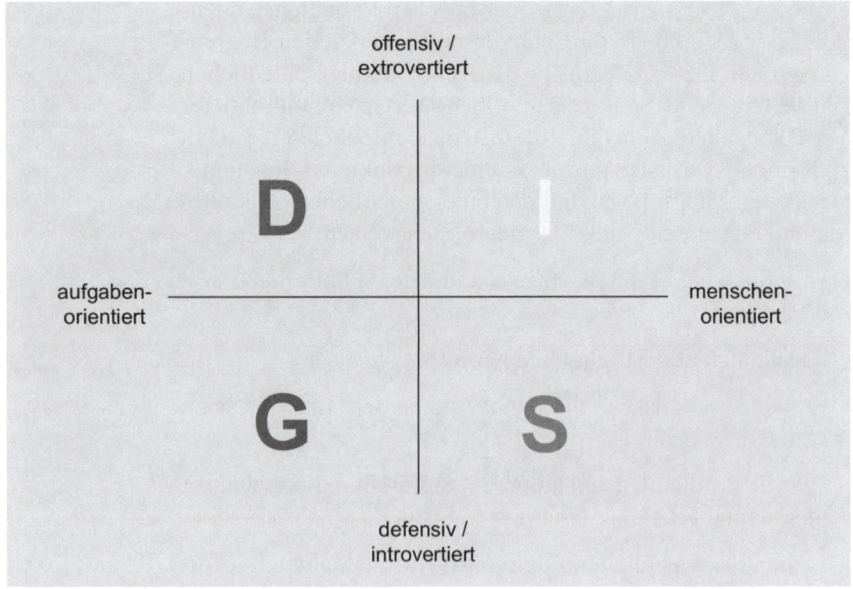

Abbildung 17: Das Spannungsfeld der Verhaltenstendenzen

Besonderheiten des Testverfahrens

Der Harvard-Professor William Moulton Marston hat 1928 ein Wahrnehmungsmodell mit vier eindeutig differenzierten Emotionen beschrieben. Es ist die Grundlage für das DISG-

Persönlichkeitsmodell. Ausgehend von Marstons Überlegungen entwickelte Prof. Dr. John G. Geier in den frühen 1960er-Jahren ein Instrument zur Verhaltensmessung. Von Anfang an war es sein Ziel, den Probanden in die Lage zu versetzen, das Profil selbst auswerten und auch die Interpretation selbst ausarbeiten zu können.

Egal, ob Sie den Test für sich selbst ausführen und auswerten, oder ob Sie als Kandidat getestet werden – etwa für eine Teambildung oder ein Coaching – Sie können nicht durchfallen. Es gibt nämlich keine richtigen oder falschen Verhaltenstendenzen, da jede Tendenz ihre Stärken und potenziellen Begrenzungen hat. Gerade Teams profitieren von unterschiedlichen Charakteren und Sichtweisen. Ohne Wertschätzung anderer Verhaltenstendenzen führt diese Unterschiedlichkeit jedoch zu Reibungsverlusten anstatt zu einer produktiven Spannung. Der Test beschäftigt sich mit den unterschiedlichen Charakteren und öffnet den Blick für andere Sichtweisen.

Verhaltenstendenzen

Das spontane Verhalten eines Kandidaten könnte sich wie folgt äußern:

- Er hält sich alle Möglichkeiten offen.

- Er zieht Ereignisse in die Länge, um bessere Ergebnisse zu erzielen.

- Er will Probleme ausdiskutieren. Befürchtungen behält er nicht lange für sich.

- Er sucht Gelegenheiten, Meinungsverschiedenheiten sofort auszuräumen.

- Bei Unterbrechungen zeigt er Geduld und Verständnis.

- Er passt sich den Forderungen an, indem er versucht, alles gleichzeitig zu machen.

- Er wirkt eher extrovertiert als introvertiert.

- Er wird nicht schnell ärgerlich und ist nur selten nachtragend.

Durchführung des Tests

Wortgruppen

Der DISG-Fragebogen besteht aus 28 Wortgruppen, bei denen Sie jeweils beurteilen sollen, welches Wort am ehesten und welches am wenigsten auf Sie zutrifft.

❑ kollegial	❑ optimistisch	❑ gewinnend
❑ überzeugend	❑ selbstbewusst	❑ gutmütig
❑ bescheiden	❑ sorgfältig	❑ zurückhaltend
❑ kreativ	❑ harmonisch	❑ unruhig

Abbildung 18: Beispiele für mögliche Wortgruppen beim DISG-Test

Beim Ankreuzen riskieren Sie nichts, es gibt kein Richtig oder Falsch. Sie können die Fragen spontan beantworten. Für die Bearbeitung benötigen Sie 8 bis 12 Minuten.

Ergebnis

Die Online-Auswertung, die Sie nach etwa 15 Minuten erhalten, beinhaltet drei DISG-Diagramme Ihrer Selbstbilder mit Interpretation und Angeboten zur Persönlichkeitsentwicklung. Diese Übungen können Sie für sich selbst personalisieren und in regelmäßigen Abständen wiederholen.

Das Diagramm für das „äußere Selbstbild" verdeutlicht Ihnen, welches Bild von sich Sie anderen gegenüber zeigen.

Integriertes
Selbstbild

Das Diagramm für das „innere Selbstbild" hält Ihre innere Überzeugung fest und das, was Sie von sich selbst erwarten. Das Zusammenspiel dieser beiden Selbstbilder wird im Diagramm für das „integrierte Selbstbild" dokumentiert. Hier geht es um die Schnittstelle zwischen dem, was andere Ihrer

Meinung nach von Ihnen erwarten, und dem, was Sie selbst von sich erwarten.

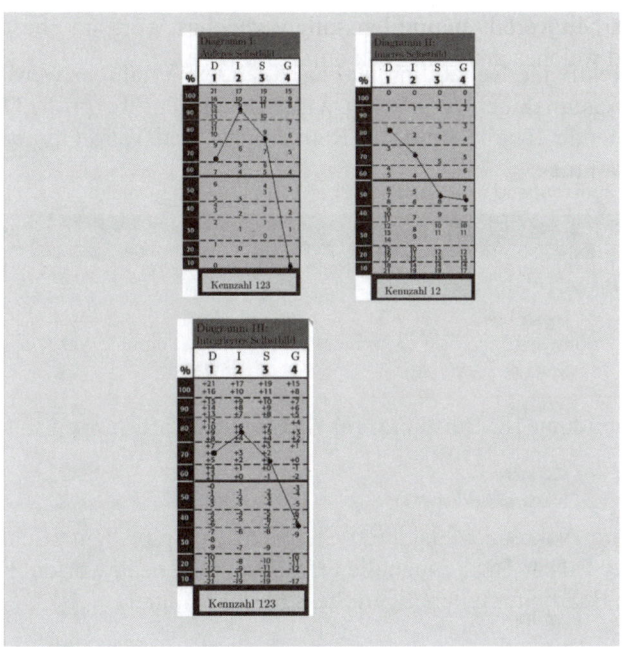

Abbildung 19: Äußeres, inneres und integriertes Selbstbild

Die Beschäftigung mit den Ergebnissen fördert Ihr Verständnis für Rollenverhalten, das eigene Verhalten sowie für das Verhalten der anderen.

Verständnis

Einsatzgebiete des Tests und die Gütekriterien

Der DISG-Test wird vor allem in den folgenden Bereichen eingesetzt:

• Mitarbeiter für Aufgaben auswählen

• Teambuilding

- Zusammenarbeit optimieren

- Persönlichkeitsentwicklung

- Arbeitsverhalten und Leistung verbessern

Objektivität, Reliabilität und Validität des Verfahrens werden in regelmäßigen Abständen wissenschaftlich überprüft. Die folgende Tabelle stellt die Reliabilitäts- und Validitätswerte zusammen:

Fragestellung		Reliabilität	Validität
Anzahl der Befragten		1093	451
Land	Deutschland	74 %	73 %
	Schweiz	15 %	17 %
	Österreich	11 %	10 %
Geschlecht	männlich	54 %	48 %
	weiblich	46 %	52 %
Alter	Mittelwert	37.9	38.2
	Standardabweichung	9.9	10.4
Schulabschluss	Hauptschule	8 %	11 %
	Mittlere Reife	17 %	29 %
	Abitur	54 %	43 %
	Fachhochschule	17 %	14 %
Ausbildung	Keine	3 %	3 %
	Gewerbliche Berufe	6 %	10 %
	Kaufmännische Berufe	27 %	27 %
	Meister/Techniker	4 %	5 %
	Technisches oder betriebswirtschaftliches	24 %	19 %
	Studium	24 %	19 %
	Sozial- oder geisteswissenschaftliches Studium	11 %	18 %
	Andere Ausbildungen		
Berufsgruppen	Finanzen/Banken/Versicherungen	17 %	12 %
	Verarbeitende Industrie/ Druckindustrie/		
	Groß- und Einzelhandel/Handwerk	20 %	25 %
	Transport und Verkehr	1 %	4 %
	Gesundheit und Soziales	7 %	16 %
	Dienstleistung	36 %	25 %
	Non-Profit und andere	19 %	18 %

Tabelle 2: Reliabilität und Validität beim DISG-Test

Die Objektivität des Testverfahrens ist gegeben, da die Ergebnisse vom jeweiligen Testleiter unabhängig sind. Die Art des Verfahrens gewährleistet gleiche Ausgangsbedingungen für die Probanden.

Kurzprofil: DISG-Test

Test	DISG: in den 1960er-Jahren in den USA/Minnesota entwickelt; Persönlichkeitsmodell: dominant-initiativ-stetig-gewissenhaft
Hersteller/Vertrieb	persolog Deutschland, Remchingen
Internet	http://www.persolog.de
Testart	Computerbasierte Selbsteinschätzung zur Erfassung und Beschreibung des Persönlichkeitstyps; Selbstanalyse
Methode	Forced-Choice-Verfahren
Wissenschaftliche Betreuung	Prof. Dr. John G. Geier, University of Minnesota
Schwierigkeitsgrad	Fragen spontan beantworten
Gütekriterien	Objektivität, Reliabilität und Validität des Verfahrens werden wissenschaftlich geprüft
Ergebnis	Unterstützt die Selbstanalyse und das Rollenverständnis Diagramme, Interpretation, Arbeitspapier
Items/Dauer	28 Items/8 bis 12 Minuten

PI – Predictive Index

Soft Skills

Dieses Verfahren hat Arnold S. Daniels in den 1950er-Jahren in den USA für die Potenzialanalyse entwickelt. Der web-basierte Test nimmt Soft Skills wie Dominanz, Extraversion, Geduld und Formalität unter die Lupe. Als Proband dieses Tests sollen Sie von 86 Adjektiven zunächst diejenigen ankreuzen, von denen Sie glauben, dass sie das Verhalten beschreiben, das im beruflichen Kontext von Ihnen erwartet wird (siehe Abb. 20). In einem zweiten Durchgang kreuzen Sie dann die Adjektive an, die Sie tatsächlich beschreiben. Ihre Angaben werden aufgrund von Referenzprofilen zu einem Psychogramm ausgewertet, das Ausprägungen Ihrer berufsbezogenen Eigenschaften zeigt:

- Dominanz: durchsetzungsstark, konfliktbereit
- Extraversion: kontaktfreudig, selbstsicher
- Geduld: ausgleichend, sympathisch
- Formalität: selbstdiszipliniert, gewissenhaft

Besonderheiten des Testverfahrens

Eigenschaften

Der PI-Test basiert auf stabilen empirischen und theoretischen Grundlagen der Verhaltensforschung und setzt mit einer Liste „starker" Adjektive auf die Wirkung symbolischer Reize.

Fragebogen 1: Beschreiben Sie, wie Ihr Verhalten *sein sollte*

❑ hilfsbereit	❑ angesehen	❑ ruhig
❑ entspannt	❑ besorgt	❑ entschlossen
❑ anregend	❑ sentimental	❑ höflich
❑ zuversichtlich	❑ abenteuerlich	❑ dynamisch
❑ geduldig	❑ lässig	❑ gut gelaunt
❑ gewissenhaft	❑ anspruchslos	❑ tolerant

Abbildung 20: Ein Auszug aus den 86 PI-Adjektiven (Soll-Zustand)

In Fragebogen 2 sollen Sie mithilfe von Adjektiven aus der gleichen Liste beschreiben, wie Ihr Verhalten *tatsächlich ist*. Im Gegensatz zu den meisten Tests, die Ihnen vorwiegend nur die Wahl zwischen zwei Möglichkeiten lassen, können Sie beim PI alles auswählen, was Ihnen passend erscheint. Sie charakterisieren also zunächst den Soll-Zustand und im zweiten Durchgang den Ist-Zustand Ihres Verhaltens. Aus diesen beiden Sichtweisen misst der PI auf der Grundlage von Referenzprofilen Ausprägungen Ihrer Berufspersönlichkeit. Beispielsweise wird ermittelt, wie groß Ihr Potenzial ist, andere Menschen oder Ereignisse zu beeinflussen, oder wie stark Ihr Streben nach sozialer Interaktion ist (Anforderungsprofil Vertrieb).

Tatsächliches Verhalten

Durchführung des Testverfahrens

Beim PI-Test werden Ihnen nacheinander zwei Listen mit der jeweils gleichen Auswahl an 86 Adjektiven vorgelegt, von denen Sie anhand zwei verschiedener Fragestellungen (siehe oben) eine Auswahl treffen sollen. Dabei ist Ihnen freigestellt, wie viele Adjektive Sie auswählen. Sie werden aufgefordert, die erste Liste nach der Bearbeitung zur Auswertung zu schicken, um dann mit der zweiten Liste fortzufahren.

Zwei Fragebögen

Sie müssen sich nicht merken, was Sie beim ersten Fragebogen angekreuzt haben. Die Ergebnisse werden nicht besser, wenn Sie auf beiden Fragebögen die gleichen Adjektive ankreuzen. Nutzen Sie stattdessen die Fragebögen als Checklisten zur Beantwortung von zwei wirklich verschiedenen Fragen. Für die Bearbeitung benötigen Sie etwa 10 Minuten.

Ergebnis

Der PI-Test errechnet, mit welchen Persönlichkeitsausprägungen – Dominanz, Extraversion, Geduld, Formalität – Ihre Angaben in Verbindung stehen und präsentiert die Auswertung in einem Diagramm. In einem Feedback-Gespräch wird Ihnen das Ergebnis erläutert.

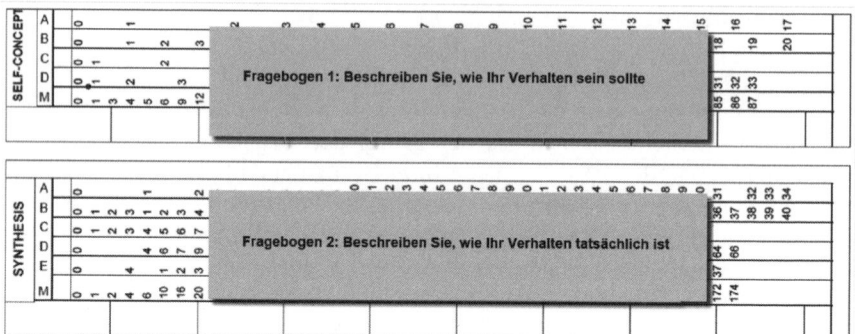

Abbildung 21: Ergebnis-Diagramme beim PI-Test

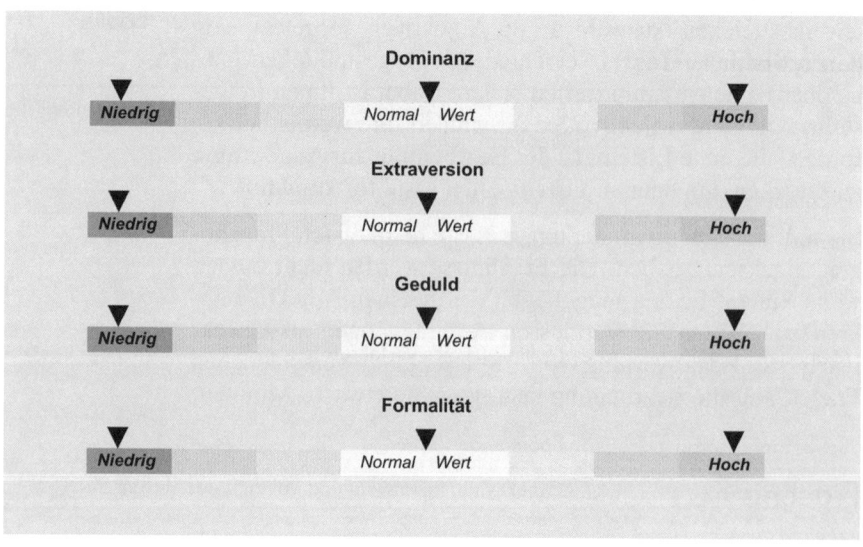

Abbildung 22: PI-Diagramme zu Verhaltensstilen

Einsatzgebiete des Tests und die Gütekriterien

Der PI-Test wird vor allem in den folgenden Bereichen eingesetzt:

- Personalauswahl und Stellenbesetzung
- Personalaufbau
- Potenzialanalyse
- Teamentwicklung

Seit der Einführung des Tests im Jahr 1953 wurden die Gütekriterien wie Objektivität, Reliabilität und Validität in über 400 Studien geprüft und bestätigt. Die ständige Weiterentwicklung des PI-Tests erfolgt in Zusammenarbeit und in Übereinstimmung mit den Richtlinien der American Psychological Association (APA), der US Equal Employment Opportunity Commission (EEOC) und der Society for Industrial and Organizational Psychology (SIOP).

Ständige Weiterentwicklung

Kurzprofil: PI-Test

Test	PI: 1953 von Arnold S. Daniels in Boston/USA entwickelt; Predictive Index
Hersteller/Vertrieb	PI Worldwide, Wellesley Hills/USA
Internet	http://www.pi-europe.com
Testart	Computerbasierter Test zur Erfassung der Berufspersönlichkeit
Methode	Multiple-Choice-Verfahren
Wissenschaftliche Betreuung	Dr. Todd Harris
Schwierigkeitsgrad	Spontan antworten
Gütekriterien	Objektivität, Reliabilität und Validität des Verfahrens werden wissenschaftlich geprüft
Ergebnis	Diagnose von Persönlichkeitsausprägungen Diagramme, Feedback-Gespräch
Items/Dauer	2 x 86 Items/10 Minuten

BIP – Bochumer Inventar zur berufsbezogenen Persönlichkeitsbeschreibung

Überfachliche Kompetenzen

BIP ist ein psychologisches Testverfahren zur Ermittlung berufsrelevanter Soft Skills, also überfachlicher Persönlichkeitseigenschaften. „Ziel des BIP ist die standardisierte Erfassung des Selbstbilds eines Testkandidaten in Hinblick auf relevante Beschreibungsdimensionen aus dem Berufsleben." (Hossiep & Paschen 1998/2003) Das Verfahren wurde 1998 beim Hogrefe Verlag publiziert, 2003 erschien eine zweite, vollständig überarbeitete Auflage. Der BIP-Test wird an der Ruhr-Universität Bochum kontinuierlich wissenschaftlich weiterentwickelt; so ist eine Forschungsversion entstanden, welche um die drei Skalen Wettbewerbsorientierung, Analyseorientierung und Begeisterungsfähigkeit erweitert wurde.

Selbstbeschreibung

Als Kandidat dieses Tests werden Ihnen 210 Fragen (251 Fragen in der aktuellen Forschungsversion) aus verschiedenen Persönlichkeitsbereichen vorgelegt. Sie sollen sie im Sinne einer Selbstbeschreibung mithilfe einer sechsstufigen Antwortskala im Forced-Choice-Verfahren beantworten. Der Test beschränkt sich dabei auf das Berufsleben und beansprucht nicht, Ihre Persönlichkeit umfassend abzubilden. Dieser wissenschaftlich fundierte Test wird Ihnen entweder als Online- oder Papierversion zur Bearbeitung vorgelegt.

Leistungsmotivation Gestaltungsmotivation Führungsmotivation Wettbewerbsorientierung (nur FV)	BERUFLICHE ORIENTIERUNG	ARBEITS-VERHALTEN	Gewissenhaftigkeit Flexibilität Handlungsorientierung Analyseorientierung (nur FV)
Überfachliche Kompetenzen			
Sensitivität Kontaktfähigkeit Sozialbilität Teamorientierung Durchsetzungsstärke Begeisterungsfähigkeit	SOZIALE KOMPETENZEN	PSYCHISCHE KONSTITUTION	Emotionale Stabilität Belastbarkeit Selbstbewusstsein

Abbildung 23: Der BIP-Test berücksichtigt 17 Persönlichkeitseigenschaften.

Besonderheiten des Testverfahrens

Der BIP-Test ist in mehrjähriger Forschungsarbeit unter der Leitung von Rüdiger Hossiep im Projektteam Testentwicklung an der psychologischen Fakultät der Ruhr-Universität Bochum seit Mitte der 1990er-Jahre entstanden. Zum Ausgangspunkt der Testkonstruktion wurden die im Fach- und Führungsbereich immer größer werdende Rolle der Passung von Persönlichkeit und Tätigkeit sowie der Mangel an berufsbezogen konstruierten Verfahren zur Persönlichkeitsdiagnostik. Qualifikationen wie beispielsweise

Persönlichkeit und Tätigkeit

- Leistungsmotivation
- Flexibilität
- Kontaktfähigkeit
- emotionale Stabilität

sind Kompetenzen, die entscheidenden Einfluss auf den beruflichen Erfolg haben.

Der Test respektiert, dass sich die Ausprägung menschlicher Eigenschaften immer nur relativ zu anderen Personen beschreiben lässt. Wenn Sie also in Ihrem Testergebnis lesen: „Die Teamorientierung ist hoch ausgeprägt", bedeutet dies, dass bei Ihnen die Teamorientierung im Vergleich zu anderen (Ihrer Referenzgruppe) hoch ausgeprägt ist. Die Ergebnisse der Vergleichspersonen werden entsprechend einer Normalverteilung (siehe Glossar) auf zehn Stufen, den sogenannten Sten-Werten (kurz für Standard Ten), verteilt. Die folgende Abbildung illustriert diesen Sachverhalt:

Zehn Stufen

85

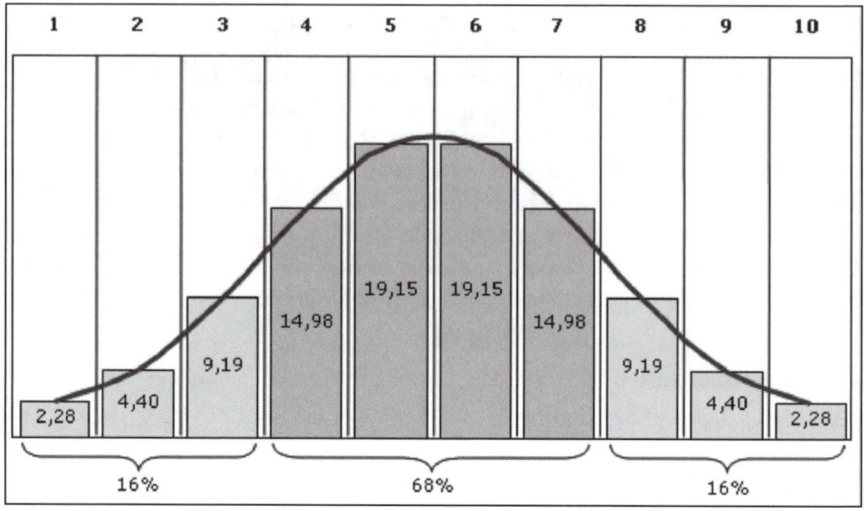

Abbildung 24: Die Verteilung der Ergebnisse beim BIP-Test

Unterschied-
liche Relevanz

Wenn Sie nicht bei allen Dimensionen überdurchschnittlich abschneiden, hat das mit Ihrem Erfolg im Beruf nichts zu tun. Nicht jede Eigenschaft ist für alle Tätigkeiten von gleicher Relevanz. Zudem ist durchaus vorstellbar, dass bei einigen Tätigkeiten sowohl zu hohe als auch zu niedrige Ausprägungen eher schaden als nützen.

Durchführung des Tests

Das BIP können Sie über eine Papierversion oder webbasiert durchführen. Im zweiten Fall werden Sie nach individueller Zugangsberechtigung und kurzer Einweisung aufgefordert, die am Bildschirm dargebotenen Fragen, die als Aussagen formuliert sind, zu bearbeiten. Sie sollen jeweils mithilfe einer sechsstufigen Skala angeben, inwieweit die Aussage auf Sie zutrifft. Beispiel: „Hartes Durchgreifen fällt mir schwer."

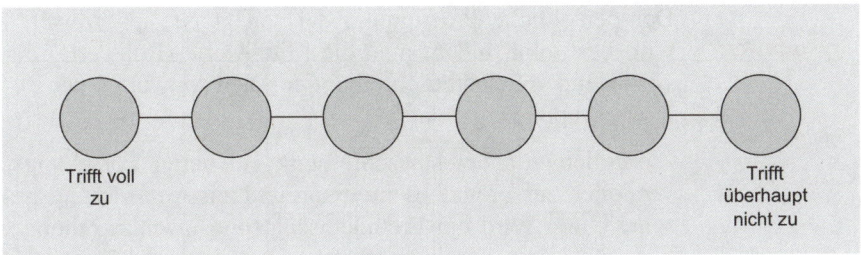

Abbildung 25: Sechsstufiges Antwortformat beim BIP-Test

Bei der Bearbeitung der Testfragen, für die Sie etwa 60 Minuten benötigen, geht es nicht um richtige oder falsche Antworten, eine Vorbereitung ist daher nicht möglich.

Vorbereitung unmöglich

Ergebnis

Sie erhalten Ihr Ergebnisprofil mit einem Kurzgutachten zu den erhobenen berufsrelevanten Persönlichkeitseigenschaften und mit Hinweisen für Ihre persönliche Weiterentwicklung.

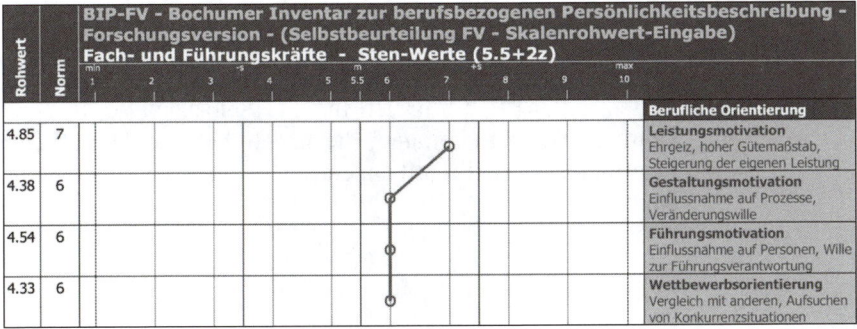

Abbildung 26: Zehnstufig normiertes Ergebnisprofil

Normwert

Der persönliche Profilpunkt, der sogenannte „Normwert", wird bestimmt, indem man die Mittelwerte (Rohwerte) der vorliegenden Selbstbeschreibung mit den Antworten der Referenzgruppe vergleicht.

Zusätzlich zur Selbstbeschreibung existieren Forschungsversionen zur Fremdbeschreibung und zur Anforderungsbeschreibung. Wird ein Fremdeinschätzungsinventar erhoben, können Sie ein Vergleichsprofil von Selbst- und Fremdeinschätzung anfordern. Das Anforderungsmodul analysiert die überfachlichen Anforderungen einer Position systematisch und effizient.

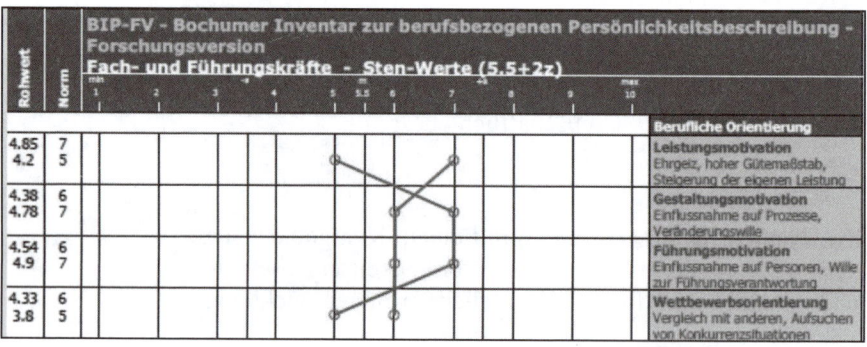

Abbildung 27: Vergleich zwischen Selbstbild und Fremdbild

Selbstanalyse

Zudem ist das BIP hilfreich für Ihre Selbstanalyse. Es sensibilisiert auch für Fragen, die im Hinblick auf berufliche Positionierung und Laufbahnentscheidungen von Bedeutung sind.

Einsatzgebiete des Tests und die Gütekriterien

Der BIP-Test wird vor allem in den folgenden Bereichen eingesetzt:

- persönliche Standortbestimmung
- Unterstützung bei der Personalauswahl und -platzierung
- Personalentwicklung
- Training, Coaching
- Self-Assessment
- Teamentwicklungsprozesse
- ergänzend bei Feedback- und Beurteilungsprozessen

Die Gütekriterien – Objektivität, Reliabilität und Validität – des Verfahrens sind wissenschaftlich überprüft.

Kurzprofil: BIP-Test

Test	BIP: Bochumer Inventar zur berufsbezogenen Persönlichkeitsbeschreibung; in Deutschland (Bochum) entwickelt, Publikation beim Hogrefe Verlag 1998/2003
Hersteller/Vertrieb	Autoren: R. Hossiep, M. Paschen, O. Mühlhaus
Testart	Selbsteinschätzung zur Erfassung berufsbezogener Aspekte der Persönlichkeit Online- oder Papierversion
Internet	http://www.hogrefe.de
Methode	Forced-Choice-Verfahren
Wissenschaftliche Betreuung	Projektteam Testentwicklung unter der Leitung von R. Hossiep, Ruhr-Universität Bochum
Schwierigkeitsgrad	Spontan antworten; keine Unterscheidung zwischen Richtig oder Falsch

Gütekriterien	Objektivität, Reliabilität und Validität des Verfahrens sind wissenschaftlich geprüft
Ergebnis	Sensibilisiert für Fragen, die im Hinblick auf die berufliche Positionierung von Bedeutung sind; Grundlage für Interviews, Personalauswahl, Personalentwicklung, Karriereberatung
Items/Dauer	210 bzw. 251 Items/60 Minuten

OPQ – Occupational Personality Questionnaire

Selbstkonzept

Der aus England stammende OPQ-Test ist ein webbasiertes, wissenschaftlich entwickeltes Verfahren, um das Selbstkonzept, also die berufsbezogene Wahrnehmung um die eigene Person, zu ermitteln. Dabei geht es um die beruflich relevanten Bereiche des zwischenmenschlichen Verhaltens, des Denkstils, der Emotionen und der Motivation. Wenn Sie Proband dieses Tests sind, werden Ihnen zu diesen drei Bereichen auf acht Dimensionen 90 verschiedene Fragen mit jeweils vier Aussagen vorgelegt. Sie sollen die am meisten und die am wenigsten auf Sie zutreffende Aussage wählen. Die im Forced-Choice-Antwortformat dargebotenen Fragen durchleuchten Sie nicht bis ins Private, sondern sind berufsbezogen. Die Fragen können spontan beantwortet werden.

ZWISCHENMENSCHLICHES VERHALTEN	
Durchsetzung	überzeugend, führend, direkt, unabhängig
Kontakt	gesellig, anschlussfreudig, selbstsicher
Einfühlung	zurückhaltend, kooperativ, fürsorglich

DENKSTILE	
Analyse	datenorientiert, kritisch bewertend, verhaltensorientiert
Flexibilität	traditionell, konzeptionell, innovativ, Abwechslung suchend, anpassungsbereit
Struktur	vorausdenkend, detailorientiert, gewissenhaft, Regeln folgend
EMOTION UND MOTIVATION	
Selbstmanagement	entspannt, besorgt, robust, optimistisch, vertrauensvoll, emotional kontrolliert
Motivation	dynamisch, wettbewerbsorientiert, erfolgsorientiert, entschlussfreudig

Tabelle 3: Die acht Dimensionen des OPQ-Tests

Besonderheiten des Testverfahrens

Die Beratungsgesellschaft Saville & Holdsworth entwickelte in den 1980er-Jahren den Occupational Personality Questionnaire. Der Test stellt Fragen zur beruflichen Persönlichkeit und respektiert dabei das Fünf-Faktoren-Modell (Big Five), das bei der Unterschiedlichkeit aller Ansätze zur Persönlichkeitsbeschreibung in der Fachwelt allgemein Konsens findet. In der folgenden Tabelle sind die fünf Faktoren mit ihren Ausprägungen zusammengestellt.

Big Five

91

Dimension	Hohe Ausprägung	Niedrige Ausprägung
Extraversion	gesellig, aktiv, gesprächig, personenorientiert, herzlich, optimistisch, heiter, liebt Aufregungen	altruistisch, verständnisvoll, mitfühlend, hilfsbereit, harmoniebedürftig, kooperativ, nachgiebig, umgänglich
Emotionale Stabilität	belastbar, ruhig, sorgenfrei, ausgeglichen, durch nichts aus der Ruhe zu bringen	nervös, ängstlich, traurig, unsicher, verlegen, besorgt
Gewissenhaftigkeit	diszipliniert, zuverlässig, pünktlich, ordentlich, pedantisch, penibel	nachlässig, locker, gleichgültig, unzuverlässig, unbeständig, unsystematisch, chaotisch
Offenheit für neue Erfahrungen	ehrgeizig, beweglich, nach Abwechslung suchend, unabhängig im Urteil, anspruchsvoll, zielstrebig	konventionell, konservativ, subaltern, unbeweglich, beharrlich, treu, loyal, sich unterordnend, gehorsam
Verträglichkeit	altruistisch, verständnisvoll, mitfühlend, hilfsbereit, harmoniebedürftig, kooperativ, nachgiebig, umgänglich	rigide, unabhängig, egozentrisch, misstrauisch, kompetitiv

Tabelle 4: Das Big-Five-Persönlichkeitsmodell

Der OPQ-Test sieht Persönlichkeit im Berufskontext als ein Konstrukt an, das neben Kompetenz und Verhaltensdispositionen auch emotionale und motivationale Aspekte einbezieht. Sie werden keine Fragen zu Ihrer beruflichen Kompetenz beantworten müssen, sondern wie eingangs erwähnt Fragen zu Ihrem Verhalten im Umgang mit anderen Menschen, zu Ihrem Denkstil sowie zu Emotion und Motivation.

Durchführung des Tests

Für die Beantwortung der 90 Fragen benötigen Sie etwa 45 Minuten, die Auswertung liegt nach ungefähr 15 Minuten vor. Ihre Aufgabe besteht darin, die am meisten und die am wenigsten auf Sie zutreffende Aussage unter jeweils vier Varianten auszuwählen. Es bedarf von Ihrer Seite keinerlei Vorbereitung, Sie können die Fragen spontan beantworten. Beispielfrage:

Zutreffende Aussagen

„Wählen Sie aus, welche der vier Aussagen für Sie am meisten (m) und welche für Sie am wenigsten (w) zutrifft/typisch ist."

Ich biete anderen gerne meine Hilfe an.

Ich suche den direkten Vergleich mit anderen.

Ich sehe immer die positiven Seiten einer Sache.

Ich befolge gerne vorgeschriebene Abläufe.

Ergebnis

In der Auswertung erhalten Sie Diagramme und Kurzgutachten zu den Bereichen zwischenmenschliches Verhalten, Denkstil, Emotion und Motivation. Außerdem bietet man Ihnen ein Feedback-Gespräch an.

Kurzgutachten

Potenzial-profil

Aus den erfassten Merkmalen wird Ihr Potenzialprofil erstellt, um es – im Falle einer Stellenbesetzung – den betrieblichen Anforderungen gegenüberzustellen. Das Testergebnis liefert Ihnen eine Potenzialanalyse, die Ihnen dabei hilft, eventuelle Schwächen zu entdecken und Stärken gezielt auszubauen. Betrachten Sie die Potenzialanalyse als wichtiges Instrument, um Unter- oder Überforderungen zu vermeiden, denn beide führen zu Unzufriedenheit und Demotivation am Arbeitsplatz.

ZWISCHENMENSCHLICHES VERHALTEN	1 2 3 4 5 6 7 8 9 10		
verkauft und verhandelt nicht gern; drängt andere selten zur Meinungsänderung; gibt anderen Raum, ihr Urteil zu bilden	**Überzeugend**	verkauft gern und verhandelt geschickt; nimmt gern Einfluss auf die Meinung anderer	DURCHSETZUNG
6 überlässt bereitwillig anderen die Führung; sagt anderen nicht gern, was sie tun sollen	**Führend**	übernimmt Verantwortung im Team; leitet und managt; gibt gern den Ton an	
spricht die eigene Meinung selten offen aus; hält sich mit Kritik an anderen zurück	**Direkt**	sagt die eigene Meinung frei heraus; spricht Widerspruch offen aus; scheut sich nicht, Kritik klar zu äußern	
5 ist bereit, sich nach dem Konsens zu richten; kann sich gut Mehrheitsentscheidungen unterordnen	**Unabhängig**	geht eigene Wege; möchte eigene Vorstellungen umsetzen; behauptet sich auch gegen Mehrheitsentscheide	
5 ist ruhig und reserviert; steht nicht gern im Mittelpunkt der Aufmerksamkeit	**Gesellig**	kontaktfreudig und lebhaft; unterhält gern; steht gern im Mittelpunkt der Aufmerksamkeit	KONTAKT
1 legt Wert darauf, Zeit für sich allein zu haben; zieht sich gern zurück	**Anschlussfreudig**	ist gern mit anderen zusammen; legt Wert auf Gemeinschaft; ist gern Teil einer Gruppe	
4 fühlt sich befangen in Gesellschaft Fremder; fühlt sich im vertrauten Kreis und in informellen Situationen wohler	**Selbstsicher**	fühlt sich unbefangen in Gesellschaft Fremder; erlebt sich sicher auf formellem Parkett	
5 trägt eigene Stärken und Errungenschaften offen weiter; spricht über persönliche Erfolge	**Zurückhaltend**	spricht nicht gern über eigene Errungen-schaften; ist zurückhaltend mit eigenen Erfolgen	EINFÜHLUNG
7 ist es gewohnt, sich nicht mit anderen zu beraten; trifft Entscheidungen am liebsten allein	**Kooperativ**	berät sich gern mit anderen; bezieht andere bei Entscheidungen ein; trifft ungern Entscheidungen allein	
4 beschränkt Anteilnahme und Unterstützung auf ausgewählte Personen; wahrt Distanz zu Problemen anderer	**Fürsorglich**	bringt anderen Verständnis entgegen; ist sehr rücksichtsvoll und hilfsbereit; bietet anderen Unterstützung an	

Abbildung 28: Beispiel für ein Ergebnis-Diagramm

Einsatzgebiete des Tests und die Gütekriterien

Das OPQ-Verfahren wird vor allem in den folgenden Bereichen eingesetzt:

- Rekrutierung und Selektion
- Mitarbeiter- und Führungskräfteentwicklung
- Leadership
- Sales
- Teambildung und -entwicklung
- Personalforschung und Karriereplanung

Der OPQ-Test ist wissenschaftlich anerkannt. Eine unabhängige Evaluation durch die British Psychological Society (BPS) ist verfügbar (letzte Evaluation 2007).

Gütekriterien

Reliabilität

Der Test zeigt eine hohe interne Konsistenz für annähernd alle Skalen. Die Alpha-Koeffizienten reichen von 0,63 bis 0,87 mit einem Mittelwert über alle 32 Skalen von 0,78.

Validität

Eine hohe Augenschein- und Inhaltsvalidität (siehe Glossar) ist gewährleistet durch den klaren Bezug zu berufsrelevanten Verhaltensweisen. Die Kriteriumsvalidität konnte in zahlreichen Studien nachgewiesen werden. Die Zusammenhänge mit berufsrelevanten Leistungs- und Verhaltenskriterien weisen Koeffizienten bis zu 0,45 auf. Die Konstruktvalidität im Bezug zu anderen relevanten Konzepten, zum Beispiel Big Five, MBTI, Teamrollen, Führungsstil und Sales, ist ebenfalls durch Studien belegt worden.

Objektivität

Die Durchführungs- und Auswertungsobjektivität sind durch Standardisierung und Online-Administration gegeben. Eine umfassende Anwenderschulung gewährleistet die Interpretationsobjektivität.

Kurzprofil: OPQ-Test

Test	OPQ: in den 1980er-Jahren in London/England entwickelt; Occupational Personality Questionnaire
Hersteller/Vertrieb	SHL Group Ltd., England
Internet	http://www.shl.com/default.aspx
Testart	Computerbasierter Test zur Erfassung der beruflichen Persönlichkeit
Methode	Forced-Choice-Verfahren
Wissenschaftliche Betreuung	Peter Saville und Roger Holdsworth, Evaluation durch die British Psychological Society (BPS)
Schwierigkeitsgrad	Einfache Fragen, Vorbereitung nicht möglich
Gütekriterien	Objektivität, Reliabilität und Validität des Verfahrens sind wissenschaftlich geprüft
Ergebnis	Erfassung des berufsrelevanten Selbstkonzepts Diagramme, Kurzgutachten, Feedback-Gespräch
Items/Dauer	90 x 4 Items/45 Minuten

shapes

Die Wirtschaftspsychologen Andreas Lohff und Dr. Achim Preuß, die sich seit über 30 Jahren mit wirtschaftspsychologischen Instrumenten befassen, haben 2002 in Hamburg die Gruppe cut-e gegründet und unter anderem den Persönlichkeitsfragebogen *shapes* veröffentlicht.

Shapes ist ein webbasiertes System zur Messung des arbeitsorientierten Persönlichkeitsprofils. Das Verfahren nutzt die von cut-e entwickelte Messtechnik adalloc™, die es erlaubt, mit einem sehr kurzen Fragebogen ein hochdifferenziertes Kompetenzprofil zu erstellen. Grundlage von shapes ist ein Persönlichkeitsmodell, das aus 18 beruflich relevanten Persönlichkeitsmerkmalen besteht. Die Ergebnisse basieren auf der jeweiligen Selbstbeschreibung des Probanden. Das heißt, entsprechend Ihrer Antworten ergibt sich eine Kombination der Persönlichkeitsdimensionen, die wiederum Aussagen über Ihre Kompetenzen zulässt.

Kompetenzprofil

Dimension	Merkmale
Interaktiv	leitend
	überzeugend
	souverän
	kontaktfreudig
	verträglich
	beobachtend
Operativ	umsichtig
	ergebnisorientiert
	planvoll
	pflichtbewusst
Intellektuell	analysierend
	konzeptionell
	einfallsreich
	offen für Veränderungen
Emotional	unabhängig
	ehrgeizig
	kompetitiv
	ausdauernd

Tabelle 5: Die Merkmale des Persönlichkeitsmodells von shapes

Besonderheiten des Testverfahrens

Der Fragebogen kann bequem von jedem PC aus (Internet-zugang vorausgesetzt) bearbeitet werden. Es bestehen keine speziellen Anforderungen an die Hardware/Konfiguration und es ist keine Software-Installation nötig.

**Adaptive
Messung**

Das Antwortformat ist Teil einer neuartigen Methode zur ad-aptiven Messung, der sogenannten adalloc-Methode (adapti-ve allocation of consent). Sie ist international urheberrecht-lich geschützt, die Rechte liegen bei cut-e. Diese komplizierte Messmethode kann hier jedoch nicht weiter vertieft werden. Für Sie als Kandidat des Tests ist relevant, dass diese Mess-technik zu einer schnellen und angenehmen Bearbeitung bei-trägt. Shapes ist ein adaptives System, das seine Empfind-lichkeit während des Messvorgangs fortwährend anpasst. Mit anderen Worten, der Fragebogen reagiert sensitiv auf das Antwortverhalten des Kandidaten, zum Beispiel darauf, wie schnell er die Fragen beantwortet.

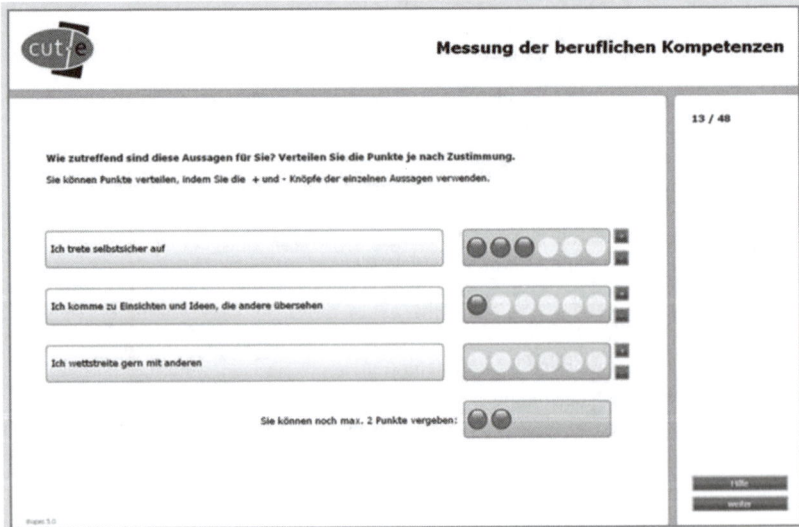

Abbildung 29: Auszug aus einem shapes-Fragebogen

Aus dem Persönlichkeitsprofil, das shapes aus Ihren Angaben ermittelt, lässt sich in einem weiteren Schritt ein Kompetenzprofil herleiten. Diesem liegen drei verschiedene Profilrollen mit den entsprechenden Schlüsselqualifikationen beziehungsweise Kompetenzen zugrunde. Die folgende Tabelle veranschaulicht diesen Zusammenhang.

Profilrollen

Profilrolle	Kompetenzen
Unternehmer	Vision und Strategie
	Initiative und Verantwortung
	Business Development
	Ergebnisfokussierung
	Einfluss
	Networking
Manager	Mitarbeiterführung
	Mitarbeiterentwicklung
	Mikropolitik
	Execution
	Arbeitssystematik
	Stabilität
Experte	Analyse- und Urteilsfähigkeit
	fachliche Versiertheit
	Innovation
	Kommunikationseffektivität
	Teambeitrag
	Selbstentwicklung

Tabelle 6: Das Kompetenzmodell von shapes

Durchführung des Tests

Keine Zeit-begrenzung

Für die Bearbeitung des Fragebogens werden Sie etwa 15 bis 20 Minuten benötigen – es gibt allerdings keine Zeitbegrenzung. Einleitende Informationen und eine interaktive Beispielsequenz machen das Verfahren selbsterklärend. In insgesamt 48 Blöcken mit jeweils drei Aussagen, die Sie bewerten sollen, werden 18 Persönlichkeitsmerkmale abgefragt. Für die Bewertung der Aussagen stehen Ihnen je Dreier-Block sechs Punkte (siehe Abb. 30) zur Vergabe zur Verfügung. Sie verteilen sie gemäß Ihrer empfundenen Zustimmung auf die Items des Blocks.

Ergebnis

Vergleich mit Norm

Ihr shapes-Profil entspringt dem Vergleich Ihrer Antworten mit den Antworten anderer Personen mit ähnlichem beruflichen Hintergrund oder Abschluss, der sogenannten Normgruppe. Bei der Benchmark-Auswertung wird jede Ausprägung einer Dimension mit den Durchschnittswerten der Normstichprobe verglichen und mittels einer neunstufigen Skala dargestellt. Eine hohe Ausprägung (Wert > 6) heißt allerdings nicht „gut", eine niedrige Ausprägung (Wert < 4) heißt nicht „schlecht". Persönlichkeitsstile sind nämlich nicht per se gut oder schlecht, sondern immer im Hinblick auf das spezifische Anforderungsprofil und die entsprechende Passung zu betrachten. Die Ergebnisse stellen keine Wertungen, sondern Ausprägungen dar.

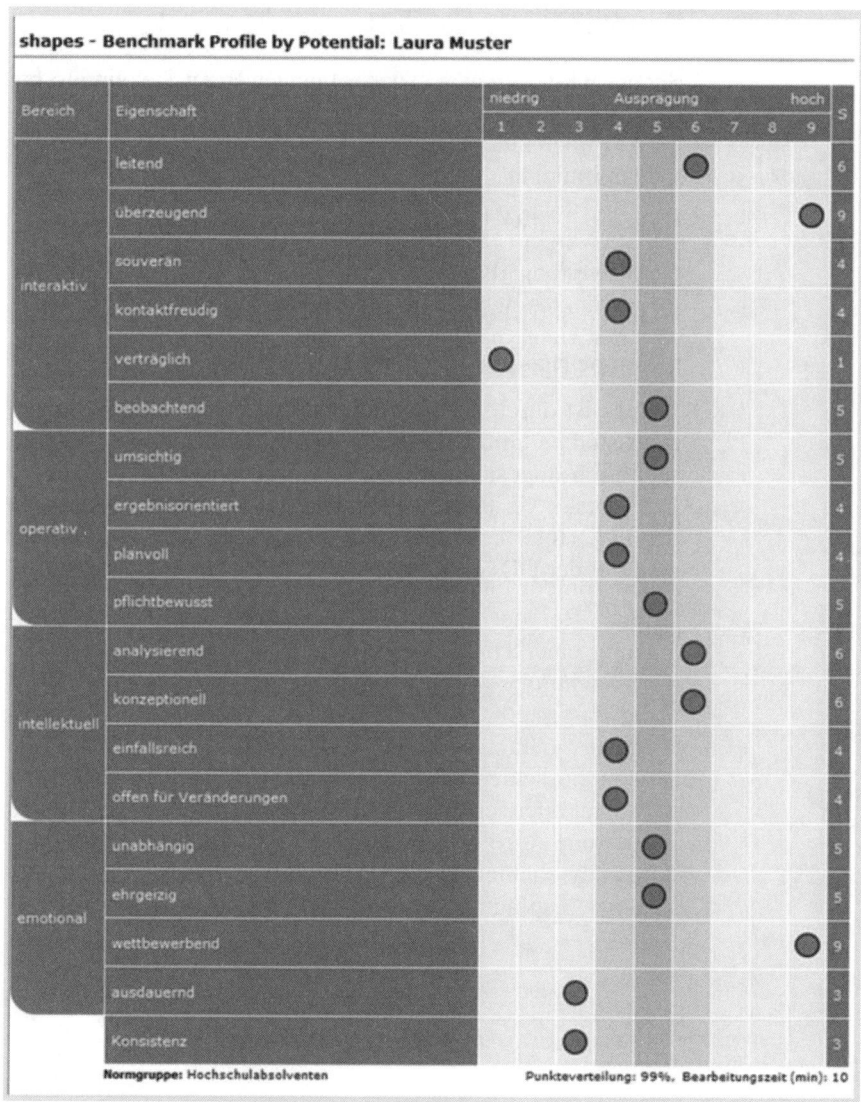

Abbildung 30: Beispiel für eine Auswertungsdarstellung

Einsatzgebiete des Tests und die Gütekriterien

Shapes wird vor allem in den folgenden Bereichen eingesetzt:

- (Vor-)Auswahl von Bewerbern
- Teambuilding
- Personalentwicklung
- Online-Assessment
- Online-360°-Feedback
- Kompetenz- und Potenzialanalyse

Shapes ist durch ständige Standardisierungs- und Validisie-rungsstudien mit Unternehmen und Universitäten wissen-schaftlich abgesichert. Das Verfahren ist zertifiziert durch Det Norske Veritas, entsprechend den Rahmenbedingungen der ITC (International Test Commission), die vergleichbar sind mit der DIN 33430.

Kurzprofil: shapes

Test	shapes: wird seit 2002 in Hamburg entwickelt
Hersteller/Vertrieb	cut-e, Hamburg
Internet	http://www.cut-e.de
Testart	Webbasiertes, adaptives, kompetenzbasiertes Fragebogensystem zur Kompetenz- und Persönlichkeitsanalyse
Methode	Adalloc-Messmethode, Punktvergabesystem
Wissenschaftliche Betreuung	Prof. Dr. Heinz Holling, Prof. Dr. Ian Robertson, Prof. Ivan T. Robertson
Schwierigkeitsgrad	Items können spontan beantwortet werden
Gütekriterien	Zertifiziert durch Det Norske Veritas Objektivität, Reliabilität und Validität des Verfahrens sind wissenschaftlich geprüft
Ergebnis	Kompetenzanalyse-Diagramme, Persönlichkeits- und Kompetenzprofil
Items/Dauer	18 Skalen à 8 Items, in Dreier-Blöcken/15 bis 20 Minuten

KAPITEL 5

Hier müssen Sie sich bewähren: Präsenzübungen testen Ihre Eignung für den Job

Häufige Übungen

Im Gegensatz zu den in Kapitel 4 beschriebenen onlinebasierten Testverfahren geht es bei den Präsenzübungen darum, Sie in Situationen zu bringen, die dem Berufsalltag sehr nahe kommen, und dabei zu beobachten und zu bewerten, wie Sie sich verhalten. Im Folgenden stellen wir Ihnen die bekanntesten und am weitesten verbreiteten Präsenzübungen vor, die während eines Assessment-Centers auf Sie zukommen können.

Dazu zählen unter anderem:

- Rollenspiele, in denen Arbeitssituationen wie Führung und Konflikte simuliert werden

- Gruppendiskussionen, in denen Ihre Sozialkompetenz und Teamfähigkeit gefordert sind

- Fallstudien, die vor allem auf Ihr Fachwissen und Ihr logisches Denkvermögen abzielen

Bei manchen Aufgaben gesteht man Ihnen eine gewisse Vorbereitungszeit zu, bei anderen müssen Sie spontan loslegen.

Worauf es beim Rollenspiel ankommt

Typische Situationen

Rollenspiele simulieren typische Situationen des betrieblichen Alltags, die Sie als Kandidat in einer vorgegebenen Rolle meistern sollen. Sie erhalten alle notwendigen Informationen wie Name, Alter und Position der Person, die Sie darstellen sollen, und bekommen eine Kurzeinweisung zu den besonderen Umständen, unter denen das Rollenspiel beziehungsweise das Gespräch stattfinden soll.

Stellen Sie sich das Rollenspiel als eine Art Vier-Augen-Minigesprächs- oder Verhandlungsrunde vor, in der Ihnen als Kandidat meist die Rolle der Führungskraft, des Abteilungsleiters oder Ausbilders mit Personalverantwortung zugewiesen wird. Der Part des Kunden oder des Mitarbeiters wird dann von einem Beobachter oder einem anderen Teilnehmer übernommen. Nach 5 bis 10 Minuten Vorbereitung beginnt das Rollenspiel und Sie dürfen zeigen, was in Ihnen steckt. Bedenken Sie dabei, dass der Fokus auf Ihrem Sozialverhalten liegt und nicht auf der Qualität Ihrer schauspielerischen Darbietung. Sie müssen 10 bis 15 Minuten durchhalten, denn so lange dauert das Rollenspiel meist. Häufige Themen sind:

Sozialverhalten

- Verhandlungen über Lohn oder Arbeitszeit

- Einkaufsgespräch

- Preisgespräch

- Kundenbesuch eines Außendienstlers

- Mitarbeiterkritik

- Mitarbeitermotivation

- Beurteilungs- und Förderungsgespräch

- Beschwerden

Sie sollten mit der vorgegebenen Situation fertigwerden und für die konkrete Problemstellung mit Fingerspitzengefühl eine realitätsnahe, wenn möglich auf der Interessenlinie des Unternehmens liegende Lösung erarbeiten. Seien Sie dabei nicht verbissen, erzwingen Sie keine Lösung, seien Sie aber auch nicht zu nachgiebig. Beides würde mangelnde Sozialkompetenz beziehungsweise mangelndes Führungspotenzial beweisen. Es kommt vielmehr darauf an, ein möglichst großes Verhaltensrepertoire zu zeigen und auf eingebaute Störungen souverän zu reagieren. Stellen Sie sich darauf ein,

Lösungen finden

Harte Bandagen

dass Sie mit Ihrem Rollenspielpartner kein leichtes Spiel haben werden, da es seine Rolle – besonders im Verhandlungsgespräch – verlangt, mit harten Bandagen zu kämpfen. Bewusst werden im Rollenspiel Situationen geschaffen, denen Sie später einmal ausgeliefert sein werden, solche, in denen es keine sachlich richtige Lösung gibt und es zum Konfliktfall kommen muss.

Nach dem Motto „Wenn Sie wissen wollen, ob jemand schwimmen kann, schmeißen Sie ihn am besten ins Wasser, anstatt zu fragen, ob er schwimmen kann", wird der sogenannte Ernstfall geprobt. Aber keine Angst, die Spielregeln sind für alle Kandidaten gleich.

GUT ZU WISSEN

Soft Skills, die beim Rollenspiel beobachtet werden

- Kommunikationsfähigkeit
- Empathie
- Zuhörfähigkeit
- Kompromissfähigkeit
- Konfliktfähigkeit
- Durchsetzungsstärke
- Teamfähigkeit
- Motivation, Motivationsfähigkeit
- Überzeugungskraft
- Führungskompetenz
- Beratungskompetenz
- Ausstrahlung, persönliche Wirkung

So läuft ein Rollenspiel ab

Das Rollenspiel – mit unterschiedlichen Rahmenbedingungen – hat auf der Agenda vieler Auswahlverfahren seinen festen Platz. Als Teilnehmer werden Sie zum Beispiel gebeten, ein Personalgespräch oder ein Kundengespräch zu simulieren:

Unterschiedliche Rahmenbedingungen

• *Rollenspiel: Personalgespräch*

Der Teilnehmer soll ein etwa 15-minütiges, simuliertes Personalgespräch mit einem Mitarbeiter führen. Er hat 10 Minuten Vorbereitungszeit. Im Anschluss an das Gespräch werden dem Kandidaten Reflexionsfragen gestellt und gemeinsam erörtert (etwa 5 Minuten).

• *Rollenspiel: Kundengespräch*

Der Teilnehmer soll jeweils zwei etwa 15-minütige, simulierte Gespräche führen. Im ersten geht es um ein Konfliktgespräch mit einem Kunden und im zweiten um ein Kritikgespräch mit einem Mitarbeiter. Der Teilnehmer hat 10 Minuten Vorbereitungszeit. Im Anschluss an die Gespräche werden dem Kandidaten Reflexionsfragen gestellt und gemeinsam erörtert (etwa 10 Minuten).

Wenn Sie in die Rolle des Vorgesetzten schlüpfen sollen, achten Sie darauf, dass Sie nicht überziehen und Ihre Durchsetzungsstärke nicht etwa mit der Politik der Brechstange demonstrieren. Am besten ist es immer, sich möglichst natürlich zu verhalten, was nicht bedeutet, dass Sie im Konfliktgespräch „zu nett" oder gar „kumpelhaft" auftreten sollen.

Natürlichkeit

Im Rahmen eines Gruppen-Assessments ist es auch möglich, dass Sie zu zwei unterschiedlichen Rollenspielen gebeten werden. In der Regel ist es so, dass sich der eine Kandidat vorbereitet, während der andere im Rollenspiel seinen

Einsatz hat. Für einen Austausch zwischen den Kandidaten bleibt da keine Zeit! Auch das ist so gewollt.

Vorbereitung Für die Vorbereitung eines Personalgesprächs sollten Sie folgende Punkte im Hinterkopf behalten:

* Machen Sie sich klar, worum es für die Firma geht.
* Vergessen Sie Ihre eigenen Interessen dabei nicht.
* Finden Sie sich in die Rolle ein.
* Setzen Sie sich ein Ziel für den Ausgang des Gesprächs.
* Bauen Sie eine Gesprächsführung auf.
* Denken Sie an einen Plan B oder ein Zwischenziel.

In der Variante „Konfliktgespräch mit einem Mitarbeiter" kommt es darauf an, die Motive des Mitarbeiters zu analysieren, die unterschiedlichen Interessen darzulegen und auszubalancieren, um einen Lösungsansatz zu finden.

Nach der Vorbereitungszeit werden Sie zum Rollenspiel aufgerufen. Nachdem Sie den Mitspieler mit dem Namen, den Sie aus den Unterlagen kennen, begrüßt haben, kommen Sie freundlich zur Sache. Möglicherweise können Sie Ihre Pläne nicht 100-prozentig umsetzen, lassen Sie sich auf die Situation ein und zeigen Sie Flexibilität. Wenn die vorgegebene Zeit **Flexibilität** abgelaufen ist, wird abgebrochen, unabhängig davon, wie der Stand der Dinge ist. Meist erhalten Sie in einem anschließenden Gespräch die Gelegenheit, Ihr Verhalten zu reflektieren.

Einsatzgebiete und Bewertung

Gern wird diese Übung durchgeführt, wenn es um die Besetzung von Positionen mit Personalverantwortung geht, also Führungspositionen wie Teamleiter- und Ausbilderstellen. Das Verhalten im Rollenspiel lässt erkennen, ob der Bewerber über ausreichende Sozialkompetenz verfügt und erlaubt

Prognosen in Bezug auf das Führungspotenzial, denn der Kandidat muss schwierige Situationen in den Griff bekommen. „Im Rollenspiel entpuppen sich die meisten Defizite unserer Bewerber", stellt Susanne Friedrich fest, die Leiterin der Personalabteilung der Deutschen Bahn.

Während des Rollenspiels wird Ihre Leistung beispielsweise anhand der Kriterien bewertet, die in der folgenden Tabelle aufgeführt sind:

Beobachtungskriterien	Beschreibung
Führungskompetenz	Der Kandidat zeigt ein klares Führungsbild. Er behält auch in schwierigen Situationen den Überblick, ist entscheidungsfreudig und handelt proaktiv. Er ist in der Lage, Mitarbeiter anzuleiten und zu begeistern, ihre Potenziale in optimaler Weise zu nutzen und hohe Leistungsstandards zu erreichen beziehungsweise zu fördern.
Beratungskompetenz	Der Kandidat ist in der Lage, durch gezielte Fragetechnik und aktives Zuhören Gespräche strukturiert und zielfokussiert zu steuern.
Vertriebskompetenz	Der Kandidat zeigt ein ausgeprägtes kundenorientiertes Verhalten, kommuniziert argumentationsstark und agiert zielorientiert.
Sozialkompetenz	Der Kandidat kann schnell Kontakt aufbauen. Er stellt sicher, dass er verstanden wurde und dass sein Gesprächspartner von der Lösung überzeugt ist, sodass er wichtige Beziehungen zu internen und externen Personen und Zielgruppen aufbaut.

Führungs-
potenzial

109

Unternehmerische Kompetenz	Der Kandidat ist in der Lage, Ressourcen und Informationen so auszubauen und einzusetzen, dass die Unternehmensziele erreicht werden. Er regt Innovationen an und ist daran interessiert, die Leistung des Unternehmens zu verbessern.
Persönliche Wirkung	Der Kandidat besitzt ein sicheres Auftreten, strahlt Persönlichkeit aus, erzeugt schnell einen positiven Kontakt und eine vertrauensvolle Atmosphäre.

Tabelle 7: Exemplarische Beobachtungskriterien

Fallstricke und Tipps

Einstieg

Schon der Einstieg ins Rollenspiel zählt. Wenn Sie die folgenden Tipps beachten, wird er Ihnen gut gelingen:

• Vergessen Sie nicht, Ihren Mitspieler als Erstes mit Namen zu begrüßen.

• Suchen und halten Sie Augenkontakt, schweifen Sie mit Ihrem Blick nicht unruhig umher, das wirkt desinteressiert, als seien Sie nicht bei der Sache.

• Für einen netten Smalltalk haben Sie keine Zeit, kommen Sie gleich, aber freundlich, zur Sache.

Für ein paar Minuten Chef sein. Darin liegt natürlich auch die Versuchung, jemand ganz anderen darzustellen, vielleicht einmal richtig dick aufzutragen.

• Widerstehen Sie jedoch dieser Versuchung und bleiben Sie natürlich. Denken Sie darüber nach, wie ein Vorgesetzter,

Ausbilder oder Abteilungsleiter sein sollte, unter dem Sie selbst gerne arbeiten würden.

- Achten Sie auf die Ausgewogenheit der Redeanteile, hören Sie auch zu.

Im Rollenspiel sind Nervenstärke, Souveränität und Gesprächskompetenz gefragt.

- Lassen Sie sich nicht dazu verleiten, Ihre Zielvorstellung mit Gewalt durchzusetzen, kritisieren Sie in der Rolle des Chefs (Abteilungsleiters oder Ausbilders) das Verhalten des Mitarbeiters und nicht etwa die Person. Hier lauert die Gefahr, persönlich oder gar ausfallend zu werden.

Souveränität

- Überlegen Sie, wo Sie am besten mit offenen und wo mit geschlossenen Fragen weiterkommen.

- Entwickeln Sie eine Strategie: Da, wo Sie die Meinung des anderen abfragen („Sind Sie einverstanden?", „Sind Sie für diese Vorgehensweise?") kommen Sie mit geschlossenen Fragen, die nur mit ja oder nein zu beantworten sind, weiter.

- Geht es um Informationsbeschaffung, sind offene Fragen (Was? Warum? Wie?) angebracht.

- Egal, wie sehr der Mitspieler Ihnen zusetzt, bleiben Sie freundlich und souverän, so behalten Sie die Situation und vor allem die Gesprächsführung im Griff und punkten bei den Beobachtern.

Kurzprofil: Rollenspiel

Testart	Präsenztest
Anforderung	Soft Skills: Sozialverhalten Empathie Konfliktfähigkeit
Varianten des Tests	Konfliktgespräch Kundengespräch Personalgespräch
Dauer	10–20 Minuten

Nicht die Nerven verlieren: Szenario „Postkorb"

Unterlagen abarbeiten

Ähnlich wie im Rollenspiel bekommen Sie eine Vorlage für ein Szenario, in dem Sie die Hauptrolle spielen. Ihre Aufgabe ist es, alle Unterlagen abzuarbeiten, die sich auf dem Schreibtisch der Person, die Sie darstellen sollen, angesammelt haben. Dafür haben Sie – je nach Umfang – 20 Minuten bis zwei Stunden Zeit. Sie arbeiten schriftlich und notieren Ihre Entscheidungen mit entsprechender Begründung.

Unter Druck entscheiden

Diese Übung nach altbewährter Paper-Pencil-Methode gehört aus Sicht der Arbeitgeber zu den beliebtesten Aufgaben im Assessment-Center, denn hier zeigt sich, wer auch unter Druck organisieren und entscheiden kann. Das ist aber noch nicht alles: Bei der Postkorbübung werden Ihnen mit der Rolle außerdem entsprechende Handlungsbefugnisse zugewiesen, die Sie erkennen und einhalten sollen. Auch müssen Sie sich darüber im Klaren sein, auf welcher Entscheidungsebene Sie sich befinden. Ein leitender Angestellter oder Geschäftsführer bringt seine Briefe nicht zur Post und ein stellvertretender Abteilungsleiter fällt in der Regel keine strategischen

Entscheidungen. Andererseits gilt es auch „der Not zu gehorchen", denn es gibt Situationen, die ungewöhnliches Handeln und den Einsatz von Mut und Risikobereitschaft erfordern können.

Es stehen zwar standardisierte Postkorbübungen zur Verfügung, aber in der Regel passen die Unternehmen die Aufgabe den Anforderungen der zu besetzenden Stelle an. Deshalb ist es sinnvoller, sich allgemein auf diese Übung vorzubereiten und einen Plan zu entwickeln, nach dem Sie systematisch vorgehen können. **Plan**

Situationsbeschreibung

Es ist Donnerstag, der 17. Juni, 17:00 Uhr. Sie sind Peter Schmidt, Geschäftsführer eines mittelständischen Unternehmens für Getränke, und kommen gerade von einer einwöchigen Geschäftsreise aus Mumbai zurück; Ihre Firma plant, ein indisches Bier auf den deutschen Markt zu bringen. Ihr Privatleben sieht finster aus, Ihre Frau hat sich gerade von Ihnen getrennt. **Angaben**

Kaum im Büro angekommen, erreicht Sie ein Anruf, der Ihre Anwesenheit in der kürzlich übernommenen Brauerei in Dublin dringend notwendig macht. Es sind dort Schwierigkeiten aufgetreten und Sie werden am Freitag, also morgen, um 8:00 Uhr in Dublin erwartet. Ein Flugticket ist bereits gebucht und liegt im Reisebüro, das eine halbe Stunde von Ihrem Büro entfernt ist, für Sie bereit. Sie fliegen um 21:00 Uhr. Inzwischen ist es 17:20 Uhr und Ihnen bleiben zur Erledigung verschiedener Aufgaben und liegen gebliebener Post zwei Stunden Zeit.

Arbeitsanleitung

Treffen Sie die Vorbereitungen für Ihre Geschäftsreise, erledigen Sie Ihre Post, nehmen Sie schriftlich Stellung zu den einzelnen Vorgängen, treffen Sie Entscheidungen, vereinbaren und verschieben Sie Termine und delegieren Sie. Die Bearbeitungszeit beginnt mit dem Austeilen der Unterlagen.

• Mitteilung 1/Nachricht auf dem Anrufbeantworter:

• Ihr Hauptgesellschafter in der GmbH möchte ein Feedback zu Ihrer gerade beendeten Geschäftsreise nach Mumbai.

• Mitteilung 2/Anruf:

Ihre Frau hat angerufen und bittet dringend um Rückruf.

• Mitteilung 3/Brief:

Ein ehemaliger Mitarbeiter beschwert sich in einem Brief darüber, bisher noch kein qualifiziertes Arbeitszeugnis erhalten zu haben und droht Ihnen mit seinem Anwalt.

• Mitteilung 4/Einschreiben:

Kündigungsschreiben eines Mitarbeiters, der mit der Höhe seines Gehalts nicht einverstanden war und nun ein lukratives Angebot einer anderen Firma bekommen hat. Er nimmt seinen noch ausstehenden Resturlaub, danach ist der 17. Juni sein letzter Arbeitstag.

• Mitteilung 5/E-Mail:

Herr Schulze aus dem Wirtschaftsverband bittet um ein Treffen.

• Mitteilung 6/Nachricht auf dem Anrufbeantworter:

Ihre Bank hat sich gemeldet. Sie sind mit Ihrem Privatkonto über dem Limit. Die letzten Überweisungen wurden aus Kulanz ausgeführt. Dringender Rückruf erbeten.

• Mitteilung 7/Fax:

Die Druckerei, die mit dem Druck der neuen Firmenbroschüre beauftragt wurde, weigert sich anzufangen, da die letzte Rechnung über 9.800 Euro noch nicht beglichen wurde.

- Mitteilung 8/Hauspost:

Der Geschäftsbericht für das vergangene Jahr liegt vor. Der Controller bittet Sie, die Unterlagen durchzusehen und ihm bis zum 3. Juli ein Feedback zu geben.

- Mitteilung 9/Hauspost:

Nachricht vom Hausmeister, dass alle Telefonanschlüsse wegen Wartungsarbeiten in der Zeit vom 17. Juni, 18:00 Uhr bis 18. Juni, 07:00 Uhr außer Betrieb sind.

- Mitteilung 10/Hauspost:

Die Spesenabteilung Ihrer Firma weist darauf hin, dass Ihre Spesenabrechnungen der letzten zwei Monate von Ihnen versehentlich bisher nicht unterschrieben wurden und daher ein erheblicher Betrag noch nicht auf Ihr Konto überwiesen werden konnte.

- Mitteilung 11/Brief:

Beschwerdebrief eines Nachbarn, der Sie darauf hinweist, dass es untragbar sei, dass Mitarbeiter Ihrer Firma immer wieder auf seinem Privatparkplatz stehen und damit droht, die Autos zukünftig abschleppen zu lassen.

- Mitteilung 12/Notiz:

Angebot einer neuen Wartungsfirma für die Hard- und Software, die um 25 Prozent günstiger ist. Die Unterlagen liegen Ihnen vor. Ihre Sekretärin bittet Sie, sich die Kündigungsklausel des alten Vertrags genau durchzulesen und eine Entscheidung zu treffen, ob der alte Vertrag auslaufen oder gekündigt werden soll.

- Mitteilung 13/Anruf:

Der Mitarbeiter, der Sie auf der Geschäftsreise begleiten sollte, hat sich krank gemeldet.

- Mitteilung 14/Anruf:

Ihre Frau hat sich noch einmal gemeldet und bittet dringend um Rückruf.

• Mitteilung 15/Brief:

Ein wichtiger Geschäftspartner bittet Sie um Mitteilung eines baldigen Termins. Es gehe um die Beratung für ein anstehendes Großprojekt.

• Mitteilung 16/Anruf:

Ihr Sohn wurde mit gebrochenem Arm ins Krankenhaus eingeliefert.

• Mitteilung 17/E-Mail:

Ihr Assistent, der beauftragt war, die Unterlagen für Dublin zusammenzustellen, teilt Ihnen mit, dass er nur noch eine halbe Stunde in der Firma sein kann, da er einen lange geplanten OP-Termin im Krankenhaus hat.

Zielkonflikt

Die Nachrichten, die der Postkorb für Sie bereithält, sollen Sie nicht nur unter Entscheidungsdruck setzen, sondern auch in Zielkonflikte stürzen. Man erwartet von Ihnen, dass Sie Privates und Geschäftliches ausbalancieren. „Coverstorys", in denen der Kandidat wie hier im Beispiel Ehe- oder Partnerprobleme hat, sind keine Seltenheit. Mit der Position steigt auch der Schwierigkeitsgrad der Postkorbübung. Die Aufgaben sind dann komplexer und es werden von Ihnen Weitsichtigkeit in der Entscheidung sowie eine Portion Mut gefordert. Als Bewerber auf eine Führungsposition verlangt man von Ihnen, dass Sie neben der Erarbeitung einer plausiblen Prioritätenliste auch strategische Entscheidungen treffen.

Körpersprache

Auch wenn der Postkorb schriftlich bearbeitet wird, sollten Sie trotzdem auf Ihre Körpersprache achten. Denn zu Ihren Aufgaben gehört es ebenfalls, sich während der Arbeit in die vorgegebene Rolle hineinzuversetzen.

Kategorie	Merkmale
Die Erfassung und Steuerung sozialer Prozesse	Kontaktfreudigkeit Einfühlungsvermögen Integrationsfähigkeit Kooperationsfähigkeit Informationspolitik
Systematisches Denken und Handeln	Abstraktes und analytisches Denkvermögen Kombinationsfähigkeit im Denken Entscheidungsfähigkeit Arbeitsorganisation Planung und Kontrolle
Aktivitätspotenzial	Arbeitsantrieb/-motivation

Tabelle 8: Anforderungsmerkmale der Postkorbübung

So gehen Sie am besten vor

Zunächst erhalten Sie alle Unterlagen und Informationen. Nach kurzer Einweisung arbeiten Sie selbstständig. Verschaffen Sie sich als Erstes einen Überblick über alle Informationen, die Ihnen vorgelegt wurden. Fangen Sie nicht sofort an, scheinbar Unwichtiges auszusortieren, denn der Teufel steckt im Detail! Legen Sie einen Extrazettel an, auf dem Sie wichtige Einzelheiten notieren.

Überblick verschaffen

Verschaffen Sie sich einen Überblick über die vorgegebene Zeitschiene und stellen Sie einen Terminplan auf. Hilfreich ist dabei, wenn Sie die Unterlagen in vier Gruppen (siehe Kasten) vorsortieren, ehe Sie daran gehen, Entscheidungen zu treffen, was Sie in welcher Reihenfolge abarbeiten. Beim meist an die Übung sich anschließenden Interview werden Sie gefragt, warum Sie was an wen delegiert haben oder warum Sie was so entschieden haben. Machen Sie sich deshalb während der Bearbeitung darüber Notizen.

Unterlagen vorsortieren

1. Was muss ich selbst machen: Was davon ist dringend?	Warum muss ich das selbst machen? Welche Termine müssen eingehalten werden?
2. Was kann ich delegieren: Was davon ist dringend?	Warum lässt sich das an andere delegieren?
3. Was kann warten?	Wo sind die Prioritäten zu setzen?
4. Was kann in den Papierkorb?	Was ist wirklich unwichtig?

Lösungsvorschlag

Die Übung verlangt von Ihnen die Bearbeitung von sieben verschiedenen Bereichen: Vorbereitungen für Ihre Geschäftsreise, Erledigung der Post, schriftliche Stellungnahmen, Entscheidungen, Terminvereinbarungen und -verschiebungen, Delegierungen und Privates. Wichtige Deadlines sind dabei die Verfügbarkeit des Festnetzanschlusses bis 18:00 Uhr, die Öffnungszeit des Reisebüros (Annahme: bis 19:00 Uhr) und Ihre Abflugzeit am Flughafen um 21:00 Uhr.

Sortierung

Grundsätzlich gilt: Geschäftliches hat oberste und Privates eine nachgeordnete Priorität. Daraus ergibt sich eine Sortierung der Vorgänge nach drei Phasen:

- Phase 1: Alle Vorgänge, die im Büro erledigt werden müssen und ein Telefon erfordern

- Phase 2: Alle Vorgänge, die Sie vom Büro aus erledigen müssen, die aber kein Telefon erfordern

- Phase 3: Vorgänge, die Sie auf dem Weg zum Flughafen, am Flughafen oder auf dem Flug noch erledigen können

Phase 1: Im Büro bis 18:00 Uhr

1. Anweisung an die Sekretärin, das Flugticket abholen zu lassen oder das Reisebüro zu beauftragen, das Ticket per Taxi zum Büro bringen zu lassen. Die Sekretärin soll das Ticket nicht selbst holen, denn sie wird noch gebraucht!

   Oberste Priorität

2. Bearbeitung der Mitteilung 13: Anweisung an die Sekretärin, den erkrankten Mitarbeiter anzurufen und ihn zu fragen, ob es noch Dinge zu bedenken gibt oder Unterlagen ausstehen, für die er zuständig gewesen wäre. Gegebenenfalls soll die Sekretärin diese Unterlagen beschaffen und/oder ausdrucken und Ihnen bis 19:00 Uhr zur Verfügung stellen.

3. Bearbeitung der Mitteilung 6: Anruf bei der Bank und kurze Erklärung der Situation mit der Bitte um formlose Einräumung eines Dispositionsrahmens in Höhe von 2.000 Euro.

4. Bearbeitung der Mitteilung 17: Anruf beim Assistenten und gemeinsamer Check der Unterlagen (je nach Umfang auch face-to-face)

Phase 2: Im Büro bis 19:00 Uhr

1. Bearbeitung der Mitteilung 10: Die Sekretärin anweisen, die Spesenabrechnungen noch einmal auszudrucken und Ihnen noch vor Ihrer Abreise zur Unterschrift vorzulegen. Nach der Unterschrift die Sekretärin anweisen, die unterschriebenen Abrechnungen am nächsten Werktag bei der Spesenabteilung einzureichen.

   Mittlere Priorität

2. Bearbeitung der Mitteilung 7: Anweisung an die Sekretärin, (a) in Ihrem Auftrag den zuständigen Mitarbeiter in der Finanzabteilung anzuweisen, die Rechnung zu bezahlen und (b) der Druckerei eine Rückmeldung zu geben, dass die Überweisung unterwegs ist.

3. Bearbeitung der Mitteilung 3: Anweisung an die Sekretärin, in Ihrem Auftrag eine Eingangsbestätigung an den

Mitarbeiter zu senden, verbunden mit der Aufforderung, doch bitte einen Formulierungsvorschlag innerhalb der nächsten sieben Tage zu schicken, den man dann besprechen kann.

4. Bearbeitung der Mitteilung 4: Anweisung an die Sekretärin, in Ihrem Auftrag eine E-Mail an den Mitarbeiter zu senden und ihm zu erklären, dass Sie überraschend auf Dienstreise gehen müssten und daher auf diesem Wege alles Gute wünschen würden. Außerdem die Sekretärin bitten, einen persönlichen Termin mit dem Mitarbeiter für die Zeit nach Ihrer Rückkehr für die Zeugnisüberreichung zu vereinbaren.

5. Bearbeitung der Mitteilung 5: Anweisung an die Sekretärin, einen persönlichen Termin mit Herrn Schulze für die Zeit nach Ihrer Rückkehr zu vereinbaren.

6. Bearbeitung der Mitteilungen 8 und 12: Den Geschäftsbericht und das Angebot der Wartungsfirma einpacken und auf dem Flug lesen. Feedbacks an den Controller und die Sekretärin erfolgen dann von Dublin aus.

7. Bearbeitung der Mitteilung 11: Anweisung an die Sekretärin, in Ihrem Auftrag einen Umlauf abzusenden, mit dem (a) jeder Mitarbeiter noch einmal auf die Parkplatzsituation hingewiesen wird (Mitarbeiter sollen Kenntnisnahme quittieren) und (b) jeder Mitarbeiter ermahnt wird, nicht auf dem Parkplatz des Nachbarn zu parken.

8. Bearbeitung der Mitteilung 15: Anweisung an die Sekretärin, einen persönlichen Termin mit dem wichtigen Geschäftspartner für die Zeit nach Ihrer Rückkehr zu vereinbaren.

Phase 3: Auf dem Weg zum Flughafen per Mobiltelefon

1. Bearbeitung der Mitteilung 1: Anruf beim Hauptgesellschafter, um ihm ein Feedback zur Reise nach Mumbai zu

geben. (Begründung für die Zuordnung zu dieser Phase: Das Feedback ist genereller Natur und hat keinen akuten Hintergrund, der eine frühere Unterrichtung notwendig machen würde.)

Geringe Priorität

2. Bearbeitung der Mitteilungen 2, 14 und 16: Rückruf bei Ihrer Frau und gegebenenfalls beim Sohn wegen des gebrochenen Armes. (Begründung: Privates wird zum Schluss erledigt; ein gebrochener Arm ist zwar schlimm, aber Ihre unverzügliche Anwesenheit ist nicht erforderlich.)

Einsatzgebiete und Bewertung

Dieser Klassiker im Assessment-Center wird von kleinen, mittelständischen und großen Unternehmen und Konzernen vieler Branchen eingesetzt, um leitende und verwaltende Positionen im Management zu besetzen. Topmanager haben im Durchschnitt 36 Schriftstücke am Tag zu bearbeiten. Die Postkorbübung simuliert diese Anforderungen.

Klassiker

Zunächst geht es darum, die Aufgaben in der vorgegebenen Zeit zu bewältigen, was bei der Postkorbübung nicht immer leicht ist. Das Ergebnis ist nur im Vergleich mit den Resultaten der anderen Kandidaten Ihrer Referenzgruppe interessant. Zusammenfassend lässt sich festhalten: Sowohl bei der Postkorbübung als auch im anschließenden Interview geht es um Ihre Belastbarkeit, Auffassungsgabe und Flexibilität. Sicher beruhigt es Sie zu wissen, dass es bei 99 Prozent der Postkorbübungen keinen sogenannten Königsweg im Hinblick auf die Lösung gibt. Wichtig ist vielmehr, dass Sie Entscheidungen treffen und diese im Interview auch begründen können.

Entscheidungen treffen

Bewertungskriterien	Beschreibung
Komplexes Problemlösen	Fähigkeit, sich in einer neuen, intransparenten Arbeitsumgebung zu orientieren richtiges Wahrnehmen von Strukturen und Prozessen Ausbalancieren von Zielkonflikten
Entscheidungssicherheit	Selbstmanagement Entscheidungstreue einmal getroffene Entscheidungen nicht gleich wieder zurücknehmen
Informationsmanagement	Fähigkeit, Informationen aus einer gegebenen Situation herauszufiltern, zu strukturieren und ergebnisorientiert einzusetzen

Tabelle 9: Bewertungskriterien bei der Postkorbübung

Fallstricke und Tipps

Achtung!
Entscheidend ist, dass Sie sich in die Position und die Situation der beschriebenen Person hineindenken, die Postkorbübung aus ihrer Warte betrachten und entsprechend vorgehen.

• Ein großer Fehler ist es, ohne Vorsortierung der Unterlagen mit der Bearbeitung zu beginnen.

• Ein gravierender Fehler wäre es auch, wenn Sie – um im oben geschilderten Beispiel zu bleiben – vergessen, Ihre „Reisevorbereitungen" zu treffen. Wenn in der Anleitung etwas von Flugtickets steht, müssen Sie selbstständig darauf kommen, diese auch abzuholen oder abholen zu lassen.

• Nehmen Sie sich die Zeit, das ganze Material zu sichten, um einen Überblick zu bekommen. Nur so erkennen Sie wichtige Zusammenhänge.

- Gehen Sie mit detektivischem Spürsinn vor: Ist der Assistent, der im Szenario nur noch eine halbe Stunde in der Firma ist, vielleicht im Besitz wichtiger Unterlagen, die Sie für die Geschäftsreise benötigen? Wo laufen Fristen ab? Auch kleine Dinge können sich zu „Katastrophen" auswachsen.

- Lassen Sie sich nicht stressen, sondern behalten Sie Ihren Humor, schließlich ist diese Situation kein Weltuntergangsszenario, sondern dem Manageralltag entnommen. Auch dort wird nur mit Wasser gekocht.

- Prüfen Sie, wo Sie etwas riskieren können, wo Sie Entscheidungsfreude und Mut zeigen können.

- Das anschließende Interview ist Teil der Postkorbübung. Vertreten Sie Ihre Entscheidungen selbstbewusst.

- Wenn Sie wegen Ihrer Entscheidungen kritisiert werden, erläutern Sie Ihre Strategie bei der Entscheidungsfindung.

- Antworten Sie nicht ohne Überlegung! Hier wird getestet, wie belastbar und entscheidungstreu Sie sind. Verlassen Sie daher Ihren Standpunkt nicht ohne Grund.

- Anhaltende Kritik soll Sie provozieren, werden Sie nicht aggressiv.

Kurzprofil: Postkorbübung

Testart	Präsenztest
Anforderung	Hard Skills: Erfassung und Steuerung sozialer Prozesse Systematisches Denken und Handeln
Varianten des Tests	Unterschiedliche Schwierigkeitsgrade Strategische Aufgaben
Dauer	20–120 Minuten

Interview: Im Zentrum steht Ihre Persönlichkeit

Nicht unterschätzen

Das Interview hat seinen festen Platz im Assessment-Center – unabhängig davon, wo und für welche Position Sie sich bewerben. Es ist das typische Instrument, um eine Person näher kennenzulernen. In der Regel wird es von einem Personalverantwortlichen geführt, dem dazu oft sämtliche Ergebnisse Ihrer bereits erbrachten Leistungen im Assessment-Center vorliegen. Auch wenn Sie bisher alle Übungen gemeistert haben, sollten Sie das Interview nicht mit einem Abschlussgespräch verwechseln, denn sein Ziel ist eine nochmalige Diagnose Ihrer stellen- und positionsbezogenen Persönlichkeitsmerkmale.

Verschiedene Varianten des Interviews

Mit folgenden Arten von Interviews, die sich durch ihre jeweilige Fragetechnik voneinander unterscheiden, müssen Sie rechnen: mit dem biografischen Interview, dem kriterienorientierten, standardisierten Interview und dem Stressinterview.

Biografisches Interview

Selbst-präsentation

Hier werden Sie zu Schulzeit, Ausbildung, Studium, Interessen, beruflichen und persönlichen Erfahrungen befragt. Dafür sollten Sie wichtige Daten aus Ihrem Lebenslauf präsent haben. Hintergrund ist immer die Frage, was für ein Mensch Sie sind und ob Sie für die betreffende Position geeignet sind. Deshalb sollten Sie sich bei der Vorbereitung auf das Interview damit beschäftigen, wie Sie sich am besten präsentieren, denn die Art, wie Sie sich selbst darstellen, gehört zu den wichtigen Beurteilungskriterien.

Stellen Sie sich darauf ein, dass Sie nach Ihren Schwächen gefragt werden. Wählen Sie aber nicht eine der „Standard-Schwächen" wie: „Ich bin neugierig und möchte alles ganz genau wissen" oder: „Ich bin ungeduldig und kann es nicht leiden, wenn etwas in die Länge gezogen wird." Solche Angaben sind den Personalverantwortlichen gut bekannt. Viele Bewerber machen sie, weil sie gleichzeitig etwas Positives beinhalten. Seien Sie also authentisch und geben Sie eine oder zwei Ihrer tatsächlichen Schwächen zu. Konzentrieren Sie sich andererseits auf Ihre Stärken, die auf den Beruf bezogen relevant sind. Das sind zum Beispiel:

Schwächen

- Ausdauer

- Kontaktstärke

- Teamfähigkeit

- Kreativität

- Einfühlungsvermögen

Kriterienorientiertes, halbstandardisiertes Interview

Im kriterienorientierten Interview werden Ihre Antworten auf Fragen zu Ihrer Person bestimmten Kriterien zugeordnet, die im Ergebnis ein Persönlichkeitsprofil ergeben. Dieses Vorgehen dient der Vergleichbarkeit zwischen den Kandidaten. Das Gleiche gilt für standardisierte und halbstandardisierte Interviews, die sich an festen Richtlinien und Fragen orientieren. Die unterschiedlichen Bereiche, die dabei zur Sprache kommen, finden Sie in der folgenden Auflistung:

Bereiche

Fragen zum persönlichen Werdegang:

- Auf welche Schule sind Sie gegangen?

- Welche fachlichen Schwerpunkte/Interessen hatten Sie?

- Wie gestaltete sich die erste berufliche Orientierung?

- Welchen Schulabschluss (mit welchem Ergebnis) haben Sie erreicht?

- Welche Erfahrungen haben Sie in dieser Zeit gemacht?

Fragen zur Ausbildung und zum beruflichen Werdegang:

- Welche Ausbildung beziehungsweise welches Studium haben Sie absolviert?
- Wie lief der Entscheidungsprozess für dieses Berufsbild?
- Wie gestaltete sich der Berufseinstieg?
- Erläutern Sie die wichtigsten Stationen Ihres Berufslebens.
- Was haben Sie erreicht?

Fragen zum aktuellen Arbeitsumfeld:

- Bitte stellen Sie Ihren Arbeitsbereich/Ihr Aufgabengebiet vor.
- Stellen Sie die Struktur und Prozesse Ihres Bereichs kurz vor.
- Beschreiben Sie, welche Verbesserungen Sie in Ihrem Bereich, bezogen auf die Organisation und die Prozesse, gern umsetzen würden.
- Welche schwierigen Situationen/Konflikte mussten Sie in Ihrer heutigen Funktion (oder vorhergehenden) bewältigen? Wie sind Sie dabei vorgegangen?

Fragen zum unternehmerischen Denken:

- Auf welche unternehmerischen Erfolge können Sie zurückblicken?
- Was macht für Sie wirtschaftliches Denken und Handeln aus?
- Wie bewerten Sie Ihren Beitrag zum Unternehmenserfolg?
- Was war Ihr größter Erfolg/Ihre größte Niederlage?
- Welche Erfahrungen haben Sie besonders geprägt?

Fragen zur Führungserfahrung:

- Haben Sie in Ihrer Funktion Führungsverantwortung (seit wann, Zeitspanne)?
- Beschreiben Sie sich als Führungskraft. Welches Führungsbild/welchen Führungsstil haben Sie?
- Was macht gute Führung für Sie aus?
- Was erwarten Sie von Ihren Mitarbeitern?
- Welche schwierigen/kritischen Führungssituationen haben Sie gemeistert? Wie sind Sie dabei vorgegangen?
- Wie viel Zeit nehmen Sie sich für Führungsaufgaben?
- Welchen Stellenwert hat Führung innerhalb Ihrer Aufgaben?

Fragen zur Zielvorstellung:

- Schildern Sie Ihre persönlichen und beruflichen Ziele.
- Wo möchten Sie in fünf Jahren stehen?
- Wo möchten Sie in fünf bis zehn Jahren stehen?
- Wie schaffen Sie sich einen Ausgleich zum beruflichen Umfeld?
- Für welches Thema haben Sie sich privat in letzter Zeit besonders engagiert?
- Welche Werte haben Sie im Laufe Ihres Lebens geprägt?
- Welche Wünsche und Ziele haben Sie für die Zukunft?

Das Stressinterview

Beim gefürchteten Stressinterview will man Sie mit provozierenden Fragen aus der Reserve locken. Lassen Sie sich nicht darauf ein, nehmen Sie ärgerliche Fragen nicht persönlich und betrachten Sie das Ganze als Spiel. Auf manches können Sie sich vorbereiten: Ganz sicher werden Sie nach

Provozierende Fragen

127

Beispiele Misserfolgen, Pleiten und Pannen gefragt. Im Folgenden ein paar Beispiele für solche unangenehmen Fragen:

- Warum glauben Sie eigentlich, der richtige Kandidat für die relevante Position zu sein?
- Was war Ihr bisher größter Misserfolg?
- Was machen Sie, wenn wir Sie nicht nehmen?
- Überfordert Sie diese Tätigkeit nicht?
- Wie viel sind 17 x 14? Wie lange wollen Sie noch rechnen?
- Was schätzen Sie beispielsweise nicht bei Freunden, Klassenkameraden, Lehrern und Eltern?
- Welche Personen lehnen Sie ab und warum?
- Was würden Sie tun, wenn Sie im Lotto Millionen gewinnen würden?
- Wovor fürchten Sie sich?
- Was würden Sie tun, wenn Sie nicht mehr arbeiten müssten?
- Sind Sie für die Position nicht zu jung/zu alt?
- Was ist das Motto Ihres Lebens?
- Was halten Sie von dem Sprichwort: „Wessen Brot ich ess', dessen Lied ich sing'"?
- Wir können es uns nicht wirklich vorstellen, Sie in dieser Position einzusetzen; in welcher würden Sie denn noch für uns arbeiten wollen?

ACHTUNG

Lassen Sie sich im Stressinterview nicht dazu hinreißen, mit einer frechen Gegenfrage zu kontern! Manche unangenehme Frage lässt sich auch einfach weglächeln.

Ablauf des Interviews und die Bewertung

Da die meisten Interviews mit teilstandardisierter und kriterienorientierter Fragetechnik arbeiten, sind Ablauf und Dauer vorgegeben. Mit dieser Technik werden die Fragen zum einen an die Anforderungen der jeweiligen Position angepasst. Zum anderen ist dadurch eine Vergleichbarkeit der Antworten mit denen der anderen Bewerber gewährleistet. Rechnen Sie jedoch damit, dass auch in einem Kurzinterview ohne Vorankündigung Stresselemente eingebaut werden.

Bei der Bewertung Ihrer Fähigkeiten spielen die folgenden Kriterien eine Rolle:

Kriterien

Persönlichkeit:

- persönliche Wirkung
- Körpersprache
- Selbstsicherheit

Kompetenz:

- berufsrelevante Erfahrungen
- Kenntnisse
- Eigenschaften und Fähigkeiten

Leistungsmotivation:

- Engagement
- Zähigkeit
- Interesse

Kooperationsfähigkeit:

- Meinungen, Ideen, Vorschläge anderer aufgreifen und weiterführen
- Flexibilität

Kontaktfähigkeit:

- von sich aus auf andere zugehen
- andere ansprechen
- den Anfang machen

Konfliktfähigkeit:

- sachlich-argumentativ handeln
- Haltung bewahren
- nicht die Beherrschung verlieren
- nicht zu unfairen Mitteln wie Intrigen und Mobbing greifen

Sensibilität:

- anderen im Gespräch aufmerksam zuhören
- Gespür dafür, was geht und was nicht geht

Fallstricke und Tipps

Außen-
wirkung
prüfen

Für das Unternehmen sind neben der fachlichen Qualifikation auch Fragen von Bedeutung wie: Passt der Kandidat zum Unternehmen? Stimmt die Chemie?

Beschäftigen Sie sich deshalb damit, was wie wirkt, und überlassen Sie es nicht dem Zufall, welchen Eindruck Sie aufgrund Ihrer Körpersprache beim Interviewpartner hinterlassen. Sie sollen sich aber keinesfalls etwas Künstliches antrainieren, das würde aufgesetzt wirken und ließe sich nicht durchhalten. Mithilfe der folgenden Tabelle können Sie sich über die Wirkung bestimmter Signale bewusst werden. Selbstverständlich dienen die Angaben nur zur prinzipiellen Orientierung und haben keine absolute Gültigkeit, da die Signale und ihre Wirkungen auch durch den Kontext der jeweiligen Situation beeinflusst werden können.

Körpersignal	Wirkung
Häufiger Blickkontakt	Sympathie
Häufiges Wegsehen	mangelnde Sympathie oder Verlegenheit
Gerader Blick	Offenheit, Vertrauen
Häufiger Lidschlag	Unsicherheit, Nervosität
Sehr! kräftiger Händedruck	Rücksichtslosigkeit, Angeberei
Schlaffer Händedruck	Unsicherheit
Verschränkte Arme	Ablehnung
Spielende Hände	Nervosität, Befangenheit
Hand zur Faust verkrampft	Wut
Überwiegend offener Mund	Mangel an Selbstkontrolle
Zusammengekniffener Mund	Zurückhaltung, Verkniffenheit
Heben der Augenbrauen	Arroganz
Übereinander geschlagene Beine in Richtung zum Gesprächspartner	Aufbau eines Sympathiefeldes
Dicht beieinander gestellte Füße beim Sitzen	überkorrekte Grundeinstellung, Ängstlichkeit

Alarmbereite Sitzweise, auf dem Sprung sein	Unsicherheit, Misstrauen
Mit den Füßen wippen	Arroganz, Aggressivität
Stimme	**Wirkung**
Lautstarke Stimme	Vitalität, auch Geltungsdrang
Leise Stimme	mangelndes Selbstbewusstsein, Bescheidenheit
Schnelles Sprechtempo	Impulsivität, auch Nervosität
Langsames Sprechtempo	Antriebsschwäche, auch Sachlichkeit
Pausengestaltung	Disziplin, Selbstbewusstsein
Äußeres	**Wirkung**
Schweißgeruch	ängstlich
Überstark parfümiert	unsicher
Parfümiert	werbend

Tabelle 10: Wichtig beim Interview – die Körpersprache

Noch ein Hinweis zum Schluss: Müssen Sie von Rechts wegen auf jede Frage wahrheitsgemäß antworten? Nein, laut
dem Bundesarbeitsgericht sind Notlügen erlaubt, wenn der
Sachverhalt der Notwehr vorliegt. Ein Beispiel: Frauen werden immer noch – obwohl das nicht gestattet ist – gefragt,
ob sie schwanger sind oder planen, Kinder zu bekommen. In
einem solchen Fall steht zu befürchten, dass ihnen durch eine
ehrliche Antwort Nachteile entstehen könnten.

Notlügen

Kurzprofil: Interview

Testart	Präsenztest
Anforderung	Soft Skills: persönlicher Eindruck Sympathie Ausdruck Nervenstärke
Varianten des Tests	Biografisches Interview Kriterienorientiertes Interview Stressinterview
Dauer	15–90 Minuten

Die Fallstudie fordert alle Ihre Qualifikationen

Komplexe Problemstellung

Die Fallstudie simuliert komplexe berufsnahe, branchentypische Probleme, die Sie als Kandidat einzeln oder in der Gruppe auf den Lösungsweg bringen sollen. Bei dieser Übung kommt es auf den gekonnten Einsatz von Soft und Hard Skills an. Gefragt sind:

- Problemfindungsfähigkeit, Problemorientiertheit
- Entscheidungsfähigkeit, Entscheidungsfreude
- Ergebnisorientiertheit
- analytische Fähigkeiten
- Kombinationsfähigkeit

Lösung erarbeiten

Es geht um analytische und organisatorische Kompetenzen, aber auch darum, wie Sie an ein schwieriges Problem herangehen und wie Sie sich eine Lösung erarbeiten. Der zeitliche Rahmen einer Fallstudie umfasst in der Regel mehrere Stunden, groß angelegte Studien können sogar über einen ganzen Tag ablaufen.

Für die meisten Probleme in den Fallstudien und Planspielen gibt es keine allgemeingültige Lösung, die es zu finden gilt. Wichtig ist es, zu einer schriftlich oder mündlich präsentierbaren Lösung zu kommen, denn oft wird beides gefordert. Während Sie beim Planspiel als Einzelübung auf sich allein gestellt sind, müssen Sie in der Gruppenübung – vergleichbar mit der Situation in der Gruppendiskussion – neben den fachlichen Anforderungen auch Ihre Teamfähigkeit unter Beweis stellen.

So gehen Sie bei einer Fallstudie vor

Stellen Sie sich folgende Situation vor: Sie sind Projektkoordinator in einem Unternehmen für Automobilteile. Um sich am Markt stärker zu positionieren, hat die Geschäftsleitung ein Unternehmen übernommen, das Kupplungen herstellt. Dieses Unternehmen wurde als Familienbetrieb geführt. Die Geschäftsidee war, auch Nischenanbietern mit Kleinserien maßgefertigte Produkte anzubieten. Um diesen Ansprüchen gerecht werden zu können, verfügt das Unternehmen über zahlreiche Sondermaschinen und viele Ersatzteile, welche die Lager füllen. Da diese Maschinen nicht immer voll ausgelastet waren, mussten von den ehemals 100 Mitarbeitern in den letzten Jahren 25 entlassen werden.

Fallbeispiel

Die Geschäftsleitung hält viel von Ihnen und betraut Sie mit der Aufgabe, das etwas angeschlagene zugekaufte Unternehmen wieder auf Erfolgskurs zu bringen. Das Gewinnziel wurde von derzeit 1 Prozent auf mindestens 11 Prozent heraufgesetzt.

Aufgabe:

Bei welchen Positionen können Sie Kosten in welcher Höhe einsparen, um das Gewinnziel von mindestens 11 Prozent zu erreichen? Welche Maßnahmen werden Sie zur Umsetzung der Kosteneinsparungen einleiten?

Aufgabe

Machen Sie darüber hinaus Vorschläge, wie Sie die Veränderungen/Maßnahmen innerhalb Ihrer Abteilung kommunizieren, beziehungsweise wie Sie Ihre Mitarbeiter in die einzelnen Maßnahmen einbinden möchten.

Kosten (Forecast für das laufende Jahr)			
Position	Anzahl	Einzel-kosten	Gesamtbetrag in €
Personalkosten			
Führungskräfte	6	80.000,00	480.000,00
Angestellte (Verwaltung)	22	47.500,00	1.045.000,00
Angestellte (gewerblich)	47	39.500,00	1.856.500,00
Fortbildungen			
Fachschulungstage	35	600,00	21.000,00
Schulungstage für BWL	23	800,00	18.400,00
Schulungstage für Kommunikation und Rhetorik	40	1.200,00	48.000,00
IT			
Flachbildschirme, Büro	6	2.500,00	15.000,00
Neue Computer	69	1.650,00	113.850,00
Netzwerk (Pauschale)	1	180.000,00	180.000,00
MS Office für die neuen Computer	69	540,00	37.260,00
Supportanfragen beim externen IT-Dienstleister	200	100,00	20.000,00
Wartung und Lagerkosten			
Wartung Fertigungsstraße Großserie (2 x jährlich)	2	100.000,00	200.000,00
Wartung 4 Maschinen Kleinserie (2 x jährlich)	8	20.000,00	160.000,00
Lagerkosten für externes Lager, Ersatzteile Großserie	1	85.000,00	85.000,00
Lagerkosten für externes Lager, Ersatzteile Kleinserie	4	15.000,00	60.000,00
Materialkosten			
Rohstoffe Großserie	div.		705.000,00

Position	Anzahl	Einzel-kosten	Gesamtbetrag in €
Rohstoffe Kleinserie	div.		143.000,00
Umbaumaßnahmen Büroräume	div.		52.000,00
Neue Schreibtische	6	3.000,00	18.000,00
Büromaterial	div.		19.000,00
Reisekosten und Spesen			
Teilnahme an Messen	5	5.000,00	25.000,00
Reise zu Fachkonferenzen	3	6.000,00	18.000,00
Austausch mit anderen Unternehmen	div.		22.000,00
Marketing/Vertrieb			
Bewirtung von externen Geschäfts-partnern	div.		12.500,00
Werbung und Kundenbefragungen	div.		40.000,00
Firmenwagen			
Neuwagen für Führungskräfte/leiten-de Angestellte	4		180.000,00
Gesamt			**5.574.510,00**

Einnahmen (in Tausend €)			
	Vorletztes Jahr	**Letztes Jahr**	**Laufendes Jahr (Fore-cast)**
Standard-Kupplungen für Großserie	2435	2585	3405
Ersatzteilgeschäft	1873	1976	2164
Kupplungen Kleinserie für Nischenanbieter	166	124	111
Gesamt	**4.474,00**	**4.685,00**	**5.680,00**

Tabelle 11: Unterlagen zur Fallstudie

Notizen

Nachdem Sie die Unterlagen genau studiert haben, machen Sie sich Notizen zu den wichtigen Fakten und Sachzwängen. Denken Sie darüber nach, worin die Lösung besteht und was die richtige Richtung ist, um dieses Ziel zu erreichen. Gehen Sie systematisch vor, ordnen Sie alle Informationen, lassen Sie dabei keinen Aspekt außer Acht. Mögliche Themen, die zu bedenken sind:

- Kosten-Nutzen-Analysen, Produktlebenszyklen

- Marketing- und Kundenbindungssysteme

- Vorgehen bei einem Change-Prozess

Lösung erläutern

Unabhängig davon, ob Sie diese Übung in der Gruppe oder allein meistern sollen, wird erwartet, dass Sie Ihren Lösungsweg plausibel darlegen können. Im Zweifelsfall ist es hier besser, eine gute Lösung plausibel zu erklären, als eine sehr gute Lösung nur lückenhaft erläutern zu können.

Lösungsvorschlag

Beispiellösung

Die Aufgabe verlangt von Ihnen zunächst, dass Sie das angepeilte Einsparungsziel für das laufende Jahr quantifizieren können. Dazu müssen Sie als Erstes ermitteln, welcher Gewinn nach den vorliegenden Unterlagen geplant ist und wie groß der Unterschied zum neuen Ziel ist.

Derzeit ist ein Gewinn von 2 Prozent geplant (Umsatzplanung: € 5.680.000, dem stehen Kosten von € 5.574.510 gegenüber). Wenn Sie also 11 Prozent Gewinn erreichen müssen, dann sind weitere 9 Prozent von € 5.574.510 einzusparen, also € 501.705,90.

Nachdem Sie den Zielkorridor ermittelt haben, gehen Sie die Einzelposten durch. Prüfen Sie zunächst die großen Posten, denn eine prozentual kleine Einsparung bei einer großen Summe hat einen größeren Hebel als eine prozentual große

Einsparung bei einer kleinen Summe. Identifizieren Sie Posten, die Sie unmittelbar kürzen oder streichen können und benennen Sie Posten, die Sie auf den Prüfstand stellen wollen. Gehen Sie bei solchen Prüfungen mit einer Annahme vor (zum Beispiel Einsparpotenzial 50 Prozent nach Prüfung) und begründen Sie jeweils, was genau Sie prüfen würden.

Der größte Gesamtposten sind hier die Personalkosten. Da der Sachverhalt keine Hinweise auf Einsparmöglichkeiten beim Personal gibt, sollten Sie an dieser Stelle keinen Rotstift ansetzen. Ihre Begründung könnte lauten: Arbeitsverträge sind in der Regel nur schwer aufzulösen und oft ist eine Beendigung mit hohen Kosten verbunden. Für das laufende Jahr wären eventuelle Potenziale daher ohnehin nicht realisierbar.

Bei den Fortbildungen sollten Sie die Schulungstage für Kommunikation und Rhetorik auf den Prüfstand stellen (50 % = € 24.000). Ihr Unternehmen produziert Kupplungen und es ist schwer nachvollziehbar, dass im produzierenden Gewerbe diese Fortbildungen im geplanten Umfang notwendig sind.

Bei der IT sind etliche Posten zu diskutieren. Sechs Flachbildschirme können eigentlich nur für die sechs Führungskräfte des Unternehmens gedacht sein, die sicher noch ein weiteres Jahr ohne neue Bildschirme auskommen können (Einsparung: € 15.000). Aus den Rubriken Computer und Software geht hervor, dass offensichtlich alle Mitarbeiter neue Computer erhalten sollen. Bei den gewerblich angestellten Mitarbeitern ist das nur schwer nachzuvollziehen. Daher sollten Sie nur Computer für die Verwaltung bewilligen (Einsparung: € 77.550 bei Computern und € 25.380 bei Software). Zudem ist zu prüfen, ob die Anzahl der Supportanfragen und die Kosten pro Anfrage realistisch sind. Auch diese Position sollten Sie auf den Prüfstand stellen (50 % = € 10.000).

Bei Wartung und Lagerkosten sollten Sie einen Blick auf die Kosten für die Kleinserienfertigung werfen. Bei Ihren Überlegungen sollte im Vordergrund stehen, dass in der Kleinserie (trotz fallender Umsätze) beinahe genauso hohe Kosten für Wartung und Lagerkosten anfallen wie in der Großserie. Diese Positionen sollten Sie also überprüfen, denn Sie erwirtschaften hier mit annähernd gleichen Kosten einen Bruchteil des Umsatzes, den die Großserie erbringt (50 % Wartung = € 80.000 und 50 % Lagerkosten = € 30.000).

Bei den Materialkosten sollten Sie die Umbaumaßnahmen prüfen lassen: Was soll umgebaut werden und in welchem Umfang? Können Gewerke ins nächste Jahr verlegt werden? In der Regel können hier als Einsparpotenzial 50 % = € 26.000 angesetzt werden.

Sechs neue Schreibtische (offensichtlich wiederum nur für die Führungskräfte) sind entbehrlich (Einsparung: € 18.000). Die Kosten für Büromaterial erscheinen besonders hoch. Hier sind die Details noch einmal zu prüfen (50 % = € 9.500).

Als Nächstes sollten Sie sich den Reisekosten zuwenden. Insbesondere den Posten „Austausch mit anderen Unternehmen" sollten Sie prüfen, denn diese Formulierung kann alles Mögliche bedeuten. Ihre Begründung könnte sein, dass der Austausch auch im Rahmen von ohnehin geplanten Messeveranstaltungen organisiert werden kann (50 % = € 11.000).

Die Bewirtung von externen Geschäftspartnern sollte auf Kunden beschränkt werden. Bei eingehender Prüfung und Anpassung der Richtlinien könnten hier ebenfalls 50 % = € 6.250 eingespart werden. Als letzter großer Punkt sind die vier Firmenwagen zu streichen. Wenn im gesamten Unternehmen gespart wird, wäre die Anschaffung von neuen Fahrzeugen für die Führungskräfte ein falsches politisches Signal. Führungskräfte sollten ihren derzeitigen Wagen noch ein weiteres Jahr nutzen (Einsparung: € 180.000).

Alle Einsparmöglichkeiten addiert, ergeben eine Summe von € 512.680, was sogar etwas über dem angepeilten Ziel von 9 Prozent liegt (€ 501.705,90). Das bedeutet, dass selbst dann das Ziel noch erreicht werden könnte, wenn die eine oder andere Position, die Sie auf den Prüfstand stellen, nicht zum Tragen käme.

Bei der Detailprüfung sollte Ihr Vorschlag darauf abzielen, mit den jeweiligen Budgetverantwortlichen die Einzelpositionen zu prüfen, Einsparziele zu identifizieren und verbindliche Einsparungen zu vereinbaren.

Bei den Maßnahmen, welche die Führungskräfte betreffen, sollten Sie politisch argumentieren: Man kann nicht einerseits den Rotstift ansetzen und andererseits „Luxusanschaffungen" wie Flachbildschirme und neue Firmenwagen tätigen. Auf der operativen Ebene sind Sachargumente zielführend, die den Mitarbeitern vor Augen führen, dass gleiche Umsätze bei geringerem Mitteleinsatz möglich sind.

Die Bewertung

Die Fallstudie ist ein klassischer Baustein im Assessment-Center. Sie erfordert das Zusammenspiel von fachlichen und überfachlichen Qualifikationen. Da die Fallstudie dem Unternehmen sozusagen auf den Leib geschneidert werden kann, können Sie hier als Kandidat passgenau punkten! Ihre Leistung wird anhand der Kriterien, die in der Tabelle auf Seite 142 dargestellt sind, beurteilt.

Kriterien

Kriterien	Verhaltensanker
Unternehmertum und Strategiefähigkeit	Der Kandidat analysiert die Situation sicher und liefert differenzierte Lösungsansätze. Er berücksichtigt sowohl unternehmerische als auch kundenbezogene Aspekte.
Gestaltung von Prozessen und Veränderungen	Der Kandidat geht neue Wege und liefert kreative und trotzdem pragmatische Lösungsansätze.
Führung, Verantwortungsbereitschaft, Durchsetzungsfähigkeit	Der Kandidat zeigt Entscheidungsfreude und die Fähigkeit zu proaktivem Handeln. Er nutzt in der Kommunikation die erste Person. Er überzeugt mit seiner Analyse und seinen Lösungsvorschlägen.
Krisen- und Konfliktfähigkeit	Der Kandidat berücksichtigt personelle und politische Aspekte und liefert verbindliche und konstruktive Lösungsansätze.
Persönliche Wirkung	Der Kandidat hat ein sicheres Auftreten, strahlt Persönlichkeit aus, erzeugt schnell einen positiven Kontakt und eine vertrauensvolle Atmosphäre.

Tabelle 12: Bewertungskriterien bei der Fallstudie

Fallstricke und Tipps

Mehrere
Lösungen

- Es gibt bei Fallstudien immer mehrere richtige Lösungen. Achten Sie darauf, dass Sie nicht nur zum Ergebnis kommen, sondern zeigen Sie, wie Sie dorthin gelangt sind.

- Fallstudien zielen darauf ab, den Kandidaten unter Druck zu setzen. Achten Sie auf gutes Zeitmanagement!

- Die Fallstudien beinhalten in der Regel auch viele Informationen, die für die Lösung nicht relevant sind. Es ist deshalb absolut notwendig, dass Sie schnell Wichtiges von Unwichtigem unterscheiden.

Kurzprofil: Fallstudie

Testart	Präsenztest
Anforderung	Hard Skills: analytische Fähigkeiten Kombinationsfähigkeit Soft Skills (in der Gruppenübung): Teamfähigkeit
Varianten des Tests	Studien sind den Unternehmen thematisch angepasst
Dauer	60 Minuten bis ein Tag

Die Präsentation: Zeigen Sie sich von Ihrer besten Seite

Präsentationen gehören zum Berufsalltag von Führungskräften, Ausbildern und Abteilungsleitern aller Branchen. Deshalb müssen Sie als Teilnehmer eines Assessment-Centers mit dem Tool der Präsentation rechnen. Die folgenden Varianten sind üblich:

Varianten

- Fachvortrag

- Selbstpräsentation

- Vortrag über ein allgemeines Thema

- Stegreifrede

Die Tatsache, dass die meisten Menschen großen Respekt davor haben, eine Rede zu halten, macht den Vortrag im AC zu einem echten Stresstest, zumal die Vorbereitungszeit knapp bemessen ist. Es kann Ihnen auch passieren, dass Sie 5 Minuten lang eine Stegreifrede halten sollen, für die überhaupt

Stresstest

143

Stegreifrede

keine Vorbereitung eingeplant ist, zum Beispiel über das Thema „Zivilcourage". In der Regel sollen Sie jedoch einen 10 bis 15 Minuten langen Fachvortrag halten, den Sie in 5 bis 10 Minuten vorbereiten müssen. Meist handelt es sich dabei um ein branchentypisches Thema, dem Sie als Bewerber fachlich gewachsen sein sollten.

Kompetenzen

Die Aufgabe prüft neben Ihrer fachlichen Qualifikation auch Ihre Fähigkeit, sich selbst und das Thema präsentieren zu können. Sicherlich gesteht man Ihnen als AC-Kandidat eine gewisse Nervosität zu, aber mit guter Vorbereitung bekommen Sie diese in den Griff. Folgende Kompetenzen sind von Bedeutung und fließen in die Bewertung ein:

- Kommunikationsfähigkeit
- selbstständiges Arbeiten
- strukturiertes Arbeiten
- Ausstrahlung
- Kombinationsfähigkeit
- analytisches Denken
- sprachliches Ausdrucksvermögen
- fachliches Wissen

Ablauf einer Präsentation am Beispiel des Fachvortrags

Vortrag

Sie werden gebeten, als Ausbilder eines modernen Logistikunternehmens im Rahmen eines Gruppenaudits einen kurzen Vortrag vorzubereiten und zu halten. Das Thema lautet: „Was muss ich meinen Mitarbeitern, zusätzlich zu meinem fachbezogenen Thema als Führungskraft, vermitteln, um einen reibungslosen Ablauf in meiner Abteilung sicherzustellen?" Dabei sollen Aspekte wie Teamarbeit, Effektivität, Arbeitsabläufe, Prozesse im Unternehmen und Kommunikation angesprochen werden.

Die Vorbereitungszeit beträgt 30 Minuten, der Vortrag soll etwa 5 Minuten dauern, danach stellen die Beobachter 5 Minuten lang Fragen. An Hilfsmitteln stehen Ihnen Flipchart und Overheadprojektor zur Verfügung.

An dieser Aufgabenstellung wird klar, wie wichtig es ist, dass Sie sich im Vorfeld gründlich über das Unternehmen, bei dem Sie sich bewerben, informieren.

Nachdem die Vorbereitungszeit abgelaufen ist, werden Sie zum Vortrag gebeten. Sie halten ihn vor den Beobachtern und den anderen Kandidaten. Dabei sollten Sie die folgenden Punkte berücksichtigen:

Wichtige Punkte

- Begrüßen Sie zunächst Ihr Publikum, halten Sie dabei Augenkontakt.

- Setzen Sie die vorhandenen technischen Hilfsmittel ein, um Ihre Botschaft zu verstärken.

- Rechnen Sie mit Zwischenfragen von den Beobachtern. Nehmen Sie diese Einwürfe ernst, lassen Sie sich aber nicht zu lange unterbrechen! Fragen der anderen Kandidaten werden in der Regel nicht zugelassen.

- Ihre Redezeit ist nach Ablauf der anberaumten Zeit zu Ende. Bedanken Sie sich für die Aufmerksamkeit der Zuhörer.

	Einführung	Hauptteil	Schluss
75 % Interesse			
15 % Interesse			
10 % Interesse			

Abbildung 31: Der Spannungsbogen eines Vortrags

So wird Ihr Vortrag bewertet

Die Beobachter registrieren, ob Sie die Bedürfnisse der Zuhörer wahrnehmen und berücksichtigen. Als Redner, der Kontakt zu seinen Zuhörern aufbaut, spüren Sie, ob Sie mit Ihrem Vortrag ankommen oder nicht, und können gegebenenfalls nachsteuern. Begreifen Sie den Vortrag nicht als Monolog, sondern vielmehr als einen Dialog mit den Zuhörern. Keine Angst, das Lampenfieber, das auch bühnenerfahrene Schauspieler kennen, vergeht oft schon nach den ersten Worten!

Dialog

Die Beobachter bewerten folgende Punkte:

- den strukturierten Aufbau des Vortrags
- das sprachliche Ausdrucksvermögen
- den persönlichen Auftritt
- Einsatz von Flipchart etc.
- Einhalten der Zeitvorgabe
- Reaktion auf Zwischenfragen
- Dramaturgie des Vortrags, Schlussteil

Fallstricke und Tipps

Ratschläge

Wenn Sie die folgenden Ratschläge beherzigen, kann bei Ihrem Vortag nicht mehr viel schiefgehen:

- Die sicherste Methode, nicht an den Zuhörern vorbeizureden, ist wie gesagt, den Vortrag ein Stück weit als Dialog mit dem Publikum zu begreifen. Sprechen Sie Ihr Publikum direkt an: bei der Begrüßung und am Schluss, indem Sie sich für die Aufmerksamkeit bedanken.

- Orientieren Sie sich an Stichpunkten und reden Sie ansonsten frei. Beim Ablesen verlieren Sie den Kontakt zum Publikum, das sich dann nicht angesprochen fühlt und gedanklich aussteigt.

- Reden Sie am besten in Hauptsätzen; verstricken Sie sich nicht in langen Sätzen, bei denen Sie Gefahr laufen, den Faden zu verlieren.

- Laufen Sie nicht wie ein Tiger hin und her, bleiben Sie aber auch nicht wie angewurzelt auf einem Fleck stehen.

- Das, was Sie zuletzt sagen, behalten Ihre Zuhörer, wiederholen Sie deshalb Ihre Botschaft.

- Rechnen Sie schon im Vorfeld damit, über Ihr künftiges Unternehmen einen Vortrag halten zu müssen. Recherchieren Sie!

Kurzprofil: Präsentation

Testart	Präsenztest
Anforderung	Hard Skills: Fachwissen Soft Skills: Präsentation, Körpersprache, Rhetorik
Varianten des Tests	Fachvortrag Stegreifrede Vortrag über ein allgemeines Thema
Dauer	5–15 Minuten

Punkten Sie in der Gruppendiskussion mit Ihren Schlüsselqualifikationen

Umgang untereinander

Generell gilt für diese Übung: Die Beobachter achten weniger auf Ihre Diskussionsbeiträge, sondern vielmehr darauf, wie Sie – unter dem Druck der gegenseitigen Konkurrenz auf dem Weg zum Traumjob – mit Ihren AC-Kollegen umgehen. In der Regel besteht eine Gruppe aus vier bis sechs Teilnehmern, die 15 bis 45 Minuten lang kontrovers diskutieren und dabei zu einem einvernehmlichen Ergebnis kommen sollen.

Moderation

Genau genommen stellt die Gruppendiskussion widersprüchliche Anforderungen an die Kandidaten: Einerseits sollen Sie Profil zeigen, andere überzeugen und eine eigene Meinung vertreten. Andererseits erwartet man von Ihnen, dass Sie auf Vorstellungen und Meinungen der anderen eingehen und das gemeinsame Gruppenergebnis im Blick haben. Eine gute Möglichkeit, diese Anforderungen unter einen Hut zu bringen, bietet sich Ihnen, indem Sie sich als Moderator der Diskussion zur Verfügung stellen. Auf diese Weise machen Sie auf sich aufmerksam und setzen sich gleichzeitig für das Thema und die Gruppe ein. Neben der Moderation ist auch die Präsentation des Diskussionsergebnisses dafür geeignet, als Bewerber Punkte zu sammeln.

Gruppen-ergebnis

Ein Gruppenergebnis kommt allen Teilnehmern zugute. Nur wenn alle ihre Ellenbogen einfahren und stattdessen ihre Sozial- und Kommunikationskompetenz einsetzen, kann es bei dieser „Jeder-gegen-jeden-Veranstaltung" zu einem guten Ergebnis kommen. Die folgende Abbildung verdeutlicht diesen Zusammenhang.

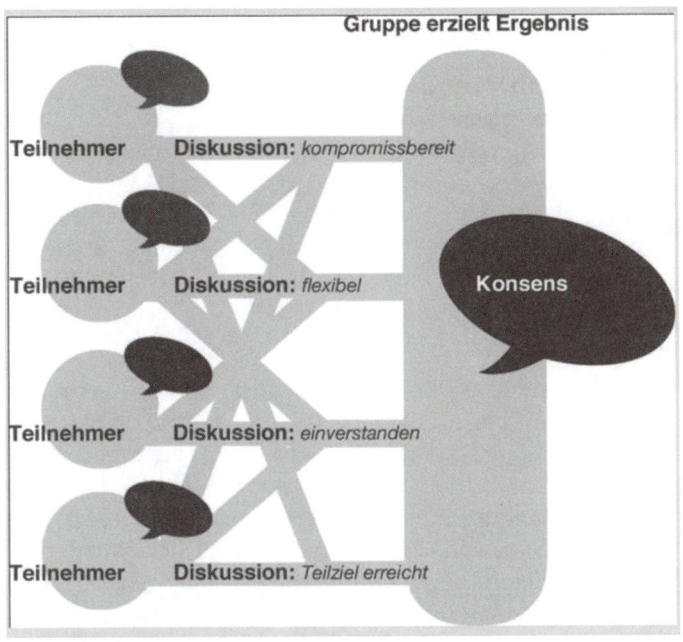

Abbildung 32: Konsens bei einer Gruppendiskussion

Während der Diskussion haben die Beobachter die Soft Skills der Teilnehmer im Blick. Laut der empirischen Untersuchung „SQ21 – Schlüsselqualifikationen im 21. Jahrhundert" (April 2005) bewerten 93 Prozent der befragten Unternehmen Schlüsselqualifikationen, also Soft Skills, also für den Berufseinstieg genauso wichtig oder wichtiger als Fachwissen. Mit wachsender Berufserfahrung steigt die Relevanz von Schlüsselqualifikationen noch weiter an: Für 52 Prozent der Unternehmen sind sie für den beruflichen Erfolg genauso wichtig wie das Fachwissen und für 43 Prozent sogar wichtiger.

Soft Skills

GUT ZU WISSEN

Schlüsselqualifikationen, auf die es in der Gruppendiskussion besonders ankommt

- Kommunikationsfähigkeit
- Durchsetzungsvermögen
- Kooperationsfähigkeit
- Konfliktfähigkeit
- Sprachliches Ausdrucksvermögen
- Sozialverhalten
- Teamfähigkeit
- Kollegialität
- Integrationsverhalten
- Koordinationsfähigkeiten
- Moderationsfähigkeiten
- Einfühlungsvermögen
- Zielstrebigkeit
- Selbstkontrolle
- Ergebnisorientiertheit

Häufige Varianten der Gruppendiskussion

In Assessment-Centern kommen verschiedene Spielarten der Gruppendiskussion vor: Die Teilnehmer werden zum Beispiel gebeten, eine Diskussion zu einem vorgegebenen Thema zu führen, oder die Gruppe soll das Thema selbst wählen. Manchmal sind These und Antithese festgelegt oder man weist den Kandidaten vorab bestimmte Rollen für die Diskussion zu.

Diskussion zu einem speziellen Thema

Handlungs-plan entwickeln

Meistens handelt es sich hierbei um eine betriebswirtschaftliche Problemstellung mit der Aufgabe, gemeinsam einen konkreten Handlungsplan zu entwickeln. Den Beobachtern ist klar, dass die vorgegebene Zeit von in der Regel 30 Minuten nicht ausreicht, um zu einem tatsächlichen Ergebnis zu kommen. Der Fokus liegt auf Ihrem Verhalten und daraus resultierend der Rolle, die Sie in der Gruppe spielen. Wo der Schwerpunkt gesetzt wird und wie die Beobachtungsdaten letztlich bewertet werden, hängt davon ab, welche Anforderungen an den künftigen Inhaber der vakanten Position gestellt werden: Sucht man eine Führungskraft, interessiert vor allem das Durchsetzungsvermögen, soll ein Teamplayer eingestellt werden, ist in erster Linie Integrationsvermögen gefragt.

Verhalten und Rolle

Denken Sie bei dieser fachlichen Diskussion nicht nur an sachlich gute Beiträge, sondern auch an Ihre Körpersprache, daran, wie Sie auftreten und wirken. Rechthaben allein bringt Ihnen in dieser Runde nichts. Zeigen Sie sich kompromissbereit. Häufig wird eine Ergebnispräsentation verlangt, achten Sie deshalb darauf, Zwischenergebnisse festzuhalten. Die Aufgabenstellung kann wie folgt aussehen:

Körpersprache

Beispiel 1:

Die AC-Teilnehmer gehören einer Firma an, die qualitativ hochwertige Damenmode herstellt. Um am Markt konkurrenzfähig zu bleiben, stellt sich die Frage, ob die Produkte teurer und exklusiver werden sollen oder ob auf Massenproduktion umgestellt werden soll.

Aufgabenstellung

Für die Diskussion und anschließende Ergebnispräsentation stehen der Gruppe insgesamt 30 Minuten zur Verfügung. Als Hilfsmittel dienen Flipchart und Overheadprojektor.

Beispiel 2:

Ihre Aufgabe als Gruppe ist es, ein Thema aus Ihrem aktuellen Arbeitsumfeld zu diskutieren und die gemeinsamen Ergebnisse den Beobachtern zu präsentieren. Das Thema lautet: „Für das nächste Jahr sind neue Kunden-Bankterminals geplant. Einerseits verlagert sich dadurch das Aufgabenfeld der Angestellten, zum anderen ist mit unterschiedlichen Reaktionen der Kunden zu rechnen. Steht bei Nichtakzeptanz eine Rücknahme der neuen Computer zur Debatte? Gibt es Alternativen?

Präsentation Für die Diskussion haben Sie 30 Minuten Zeit. Wählen Sie aus Ihrer Gruppe jemanden aus, der die Ergebnisse präsentiert. Für die Präsentation stehen 15 Minuten zur Verfügung."

Diskussion zu einem allgemeinen Thema ohne Zielvorgabe

Auch wenn diese Form der Gruppendiskussion nicht ganz so häufig angewandt wird, sollten Sie dennoch darauf vorbereitet sein. Die Aufgabe für die Gruppe besteht darin, sich zunächst **Thema** auf ein Thema zu einigen und es dann zu diskutieren. Durch **finden** den Prozess der freien Themenwahl kommt sofort Dynamik in die Gruppe. Es stellt sich die Frage, aus welchem Bereich ein Thema gewählt werden soll. Die Beobachter haben wieder die Soft Skills fest im Blick und achten mit geschultem Auge auf die Teamfähigkeit und Kollegialität der Kandidaten. Es würde Ihnen hier nichts nutzen, wenn es Ihnen gelänge, Ihr Lieblingsthema gegen die Interessen der anderen durchzusetzen. Es gehört zum Testrepertoire, die Kandidaten immer wieder sowohl in Versuchung zu führen, als auch unter Zeitdruck zu setzen. Dieser gewollte Effekt macht die Wahl eines Themas nicht leichter, zumal es innerhalb der vorgegebenen Zeit vernünftig diskutiert werden muss. Hier können Sie punkten, indem Sie – ob als Moderator oder gewöhnlicher Teilnehmer – darauf hinwirken, dass der frei gewählte Diskussionsgegenstand genügend präzisiert, eingegrenzt und so strukturiert wird, dass eine Diskussion überhaupt möglich ist. Andernfalls besteht die Gefahr, dass sich die Diskutanten in Gerede verlieren.

These und Antithese sind vorgegeben

Verschiedene Aufgabenstellungen sind bei dieser Variante möglich: Entweder soll die Gruppe Pro und Contra in Form einer Gegenüberstellung präsentieren oder zu einer einvernehmlichen Entscheidung kommen. Um Pro und Contra gegeneinander abwägen zu können, sollten Sie das Diskussionsthema unbedingt eingrenzen, zum Beispiel: „Unter welchen Umständen und an welchen Standorten ist A besser als B?" Halten Sie Zwischenschritte fest.

Hier ein Beispiel für ein Pro-Contra-Thema: „Die *These* lautet: Ein Unternehmen sollte nur so viele neue Auszubildende einstellen, wie es nach Ablauf der Ausbildungszeit auch einstellen kann. Die *Antithese* lautet: Ein Unternehmen sollte grundsätzlich immer mehr Azubis ausbilden, als es später einstellen kann."

Beispiel

Diskussion mit festgelegter Rollenverteilung

Bei dieser Variante soll ein vorgegebenes Thema diskutiert werden, wobei einige oder alle Teilnehmer eine bestimmte Rolle oder Position zu vertreten haben. Die Rollenverteilung hat meist zum Ziel, Konflikte zu initiieren. Hier müssen Sie also aufpassen, dass Sie nicht aus der Rolle fallen, indem Sie sich nicht an die vorgegebene Perspektive halten. Getestet wird, inwieweit Sie in der Lage sind, einen anderen Standpunkt einzunehmen und sich in andere hineinzuversetzen.

Konflikte

Die Teilnehmer sollen sich beispielsweise vorstellen, Außendienstmitarbeiter eines mittelständischen Unternehmens zu sein. Das Unternehmen plant, einen neuen Premium-Dienstwagen (Audi oder Mercedes) anzuschaffen. Die Aufgabe lautet, darüber zu entscheiden, wer aus der Reihe der Außendienstmitarbeiter den Dienstwagen bekommen soll. Vorab weist man den einzelnen Teilnehmern verschiedene Rollen zu, die den Anspruch auf den neuen Dienstwagen über die Länge der Betriebszugehörigkeit oder die Hierarchie-Ebene definieren.

Rollen-zuweisung

Es wird fast unmöglich sein, die Aufgabe so zu lösen, dass alle Teilnehmer zufrieden sind. Diese beabsichtigte Zwickmühle stürzt die Kandidaten in den Wahlkonflikt zwischen Kooperation und Wettbewerb. Hier lauern wieder die Stolperfallen Versuchung und Zeitdruck; lassen Sie sich jedoch nicht

153

Gutes Gesprächsklima

dazu hinreißen, etwa mit aggressivem Machtgehabe auf den Dienstwagen zu bestehen, geschweige denn kampflos auf ihn zu verzichten. Beides ist tabu. Sorgen Sie für ein gutes Gesprächsklima und schreiten Sie ein, wenn Teilnehmer persönlich und ausfallend werden.

Grundsätzliches zum Ablauf

Nachdem sie die notwendigen Instruktionen erhalten haben, stellen sich die einzelnen Teilnehmer kurz vor. Die Diskussion beginnt. Unabhängig davon, ob es tatsächlich zu einem Ergebnis kommt, wird sie nach Ablauf der vorgegebenen Zeit abgebrochen.

Bleiben Sie auch dann ruhig und freundlich, wenn die Atmosphäre angespannt ist aufgrund des Zeitdrucks und des Wettbewerbs. Meist wird die Gruppe aufgefordert, einen Moderator zu wählen und jemanden zu bestimmen, der das Ergebnis präsentiert.

Einvernehmliches Ergebnis

Ein großer Fehler ist es, einfach drauflos zu diskutieren. Strukturieren Sie das Thema und behalten Sie Ziel und Zeit im Blick. Sie erinnern sich: Die Aufgabe besteht auch darin, in kurzer Zeit zu einem präsentierbaren, einvernehmlichen Ergebnis zu kommen.

Einsatzgebiete und Bewertung

Ziele

Die Gruppendiskussion ist ein Standardbaustein bei jedem Gruppen-Assessment. Sie eignet sich ideal dafür, um herauszufinden:

- ob die Teilnehmer im Team arbeiten können,
- ob sie Führungspotenzial besitzen,
- wie sie mit ihren Mitstreitern umgehen,
- wie schnell sie in der Diskussion kontern können und

• ob sie dabei die Balance zwischen Kooperation und Durchsetzungsstärke halten können.

Bei der Beobachtung Ihres Verhaltens während der Diskussion liegt der Schwerpunkt auf Ihrer Sozialkompetenz. Diese wird in der Führung und im Team zwar unterschiedlich definiert, ist aber gleichermaßen wichtig. Die Diskussionsthemen lassen sich den jeweiligen Anforderungen anpassen. Somit kann die Gruppendiskussion als Recruiting- und Entwicklungsinstrument überall eingesetzt werden.

Sozial-kompetenz

Das Ergebnis einer Gruppendiskussion kann sein, dass kein Ergebnis zustande gekommen ist. Es wird weniger das Ergebnis an sich beurteilt, als vielmehr, *wie* es erreicht wurde. Jede Diskussionsrunde entwickelt eigendynamische Prozesse, bei denen die Teilnehmer verschiedene Positionen und Rollen einnehmen – sofern sie nicht vorab zugewiesen wurden –, wie zum Beispiel die Führungsrolle, die Rolle des Moderators, die Position des Neinsagers oder die „Ich fasse zusammen"-Rolle. Die Entscheidung darüber, wer „the fittest" ist, wird nicht nur von den Beobachtern gefällt, sondern die Kandidaten selbst nehmen mit der Rollenverteilung ein Peer-Ranking vor.

Fallstricke und Tipps

Aggressiv zu werden und anderen ins Wort zu fallen, sind die schlimmsten Fehler, die Sie machen können. Denken Sie immer daran, dass bewertet wird, *wie* Sie zum Ziel gelangen. Tragen Sie dazu bei, dass die Diskussion nicht stehen bleibt, indem Sie schweigende Teilnehmer einbeziehen und nach ihrer Meinung fragen. Schlichten Sie, wenn Teilnehmer persönlich werden. Rufen Sie Mitstreiter, die anderen ins Wort fallen, zur Ordnung, aber halten Sie sich mit Kritik an den anderen zurück. All das und die im Folgenden aufgeführten Tipps können Sie auch umsetzen, ohne Gesprächsleiter oder Moderator zu sein:

Aggression vermeiden

Beiträge mit Biss

- Zeigen Sie Sozialkompetenz und die Fähigkeit zuzuhören, aber vernachlässigen Sie Ihre Strategie in der Diskussion nicht. Ihre Beiträge sollten Biss haben und nicht wie das „Wort zum Sonntag" allgemein beschwichtigend wirken, was in ängstlich verkrampften Diskussionen immer wieder zu beobachten ist. Das andere Extrem, das es zu vermeiden gilt, ist die Eskalation, die offene Auseinandersetzung, in der die Teilnehmer geradezu „übereinander herfallen".

- Viel häufiger kommt es aber vor, dass die Teilnehmer aneinander vorbeireden, ohne eine wirkliche Diskussion zu führen. In diesen Fällen kann es helfen, das Thema zu präzisieren und weiter einzugrenzen. Wenn Sie in einer solchen Runde landen, bleiben Sie gelassen und lassen Sie sich nicht dazu hinreißen zu monologisieren.

- Falls es nicht gerade um Fachwissen der relevanten Position geht, für die Sie sich bewerben, sollten Sie sich erkundigen, wenn Sie etwas nicht verstehen, denn es kann immer sein, dass Ihnen dazu eine Frage gestellt wird.

- Wenn Sie angegriffen werden, greifen Sie zur Gegenstrategie und appellieren an die Partnerrolle, betonen Sie Gemeinsamkeiten und halten Sie das Gespräch auf der sachlichen Ebene, ohne dabei den eigenen Standpunkt aufzugeben.

- Nehmen Sie die Schärfe aus Konfrontationen, aber halten Sie sich aus verbalen Machtkämpfen raus.

- Treten Sie nicht als Einzelkämpfer auf!

Initiative ergreifen

- Bedenken Sie, dass Sie in der Diskussion eine Rolle einnehmen werden, definieren Sie diese selbst. Ergreifen Sie die Initiative, indem Sie sich für die Rolle des Moderators zur Verfügung stellen, oder derjenige sind, der den ersten Beitrag liefert.

Kurzprofil: Gruppendiskussion

Testart	Präsenztest
Anforderung	Soft Skills: Teamfähigkeit Durchsetzungsvermögen Konflikt- fähigkeit
Varianten des Tests	Mit und ohne vorgegebenem Thema These und Antithese Mit festgelegter Rollenverteilung
Dauer	15–45 Minuten

KAPITEL 6

Fast im Ziel: Nachbereitung eines Assessment-Centers

Basierend auf Ihren AC-Ergebnissen wird das Unternehmen eine Entscheidung darüber treffen, ob Sie der am besten geeignete Kandidat für die zu besetzende Stelle sind oder nicht. Sollten Sie eine negative Rückmeldung bekommen, ist der nächste Schritt, das AC nachzubereiten. Denn eine gute Nachbereitung stellt zugleich einen Teil Ihrer Vorbereitung für zukünftige Assessment-Center dar. Deshalb sollten Sie

Reflexion
negatives Feedback reflektieren und die richtigen Schlüsse daraus zu ziehen. Im Folgenden führen wir einige relevante Punkte auf, die Sie dabei berücksichtigen können. Zudem beantworten wir die häufigsten Fragen, die uns immer wieder von Teilnehmern an Assessment-Centern gestellt werden.

Wie Sie es das nächste Mal noch besser machen

Die Teilnahme an einem Assessment-Center erfordert ein hohes Maß an Konzentration. Sie stehen für mehrere Stunden unter Anspannung und Beobachtung. Es ist nicht verwunderlich, wenn Sie sich im direkten Anschluss an das Auswahlverfahren ermüdet oder angestrengt fühlen und die Eindrücke zunächst noch gar nicht verarbeiten können. Spätestens jedoch, wenn Ihnen das Unternehmen die finale Entscheidung verkündet, werden Sie anfangen, sich mit Ihren Leistungen und dem Ergebnis auseinanderzusetzen. Es empfiehlt sich, sowohl bei einer positiven wie negativen Entscheidung,

Feedback
nach einem möglichst detaillierten Feedback zu fragen. Das ist Ihre Chance, ein hochkompetentes und aussagekräftiges

Fremdbild über Ihre Stärken und Entwicklungspotenziale zu bekommen! Ihre bestmögliche Vorbereitung auf ein nächstes AC besteht darin, die differenzierten Rückmeldungen genau auszuwerten und gezielt an Ihren Stärken und Schwächen zu arbeiten.

Rückmeldungen auswerten

Sollte das Unternehmen Sie aufgrund Ihrer Ergebnisse nicht bei der Stellenbesetzung berücksichtigen, fühlen Sie sich nicht abqualifiziert! Gewiss ist eine Absage enttäuschend, speziell dann, wenn man viel Zeit in die Vorbereitung und in das Auswahlverfahren investiert hat. Nach unserer Erfahrung ist es jedoch so, dass diese Entscheidung langfristig für Sie die bessere ist: Wenn zwischen Ihnen und dem Unternehmen keine hohe Passgenauigkeit vorliegt, hätten Sie sich dort dementsprechend auch nicht weiterentwickeln können.

Zwei verschiedene Möglichkeiten können hinter einer Absage stehen. Die erste: Sie erhalten zwar eine negative Rückmeldung, erfahren aber zugleich, dass Sie als Zweitbester im AC eingestuft wurden. Sollte dies der Fall sein, dann liegt die Ursache dafür häufig nicht in Ihrer Vorbereitung. Vielmehr ist es wahrscheinlich so, dass Sie nur einen schlechten Tag hatten oder dass der andere Kandidat für die Beobachter einfach der sympathischere war.

Die zweite Möglichkeit ist, dass Sie im Vergleich zu Ihren Mitbewerbern nicht gut abgeschnitten und nicht die erwartete Leistung gezeigt haben. Sollte dies der Fall sein, dann müssen Sie nach den Ursachen forschen. Lassen Sie sich detailliert erläutern, wie die Beobachter Ihre Leistungen beurteilt haben und wo Sie sich verbessern können. Nehmen Sie die Rückmeldung an und versuchen Sie, die Empfehlungen beim nächsten Mal umzusetzen. Gehen Sie in einem zweiten Schritt noch einmal zurück zum Zielfindungsprozess (siehe Kapitel 2) und stellen Sie sich erneut die Fragen „Was kann ich?" und „Wo möchte ich hin?" Führen Sie sich außerdem immer wieder vor Augen, dass Bewerben heißt: „werben von beiden Seiten". Fühlen Sie sich nie ausgeliefert, sondern positionieren Sie sich auf Augenhöhe – auch beim Feedback!

Ursachenforschung

159

Die häufigsten Fragen von Kandidaten – und die Antworten

Bei den Fragen, die Teilnehmer von Assessment-Centern immer wieder stellen, geht es meist darum, was sie im Vorfeld bedenken sollten, wie der Ablauf und die Inhalte aussehen werden und was nach dem AC passiert.

Die Vorbereitung

„Was ziehe ich zu einem Assessment-Center an?"

In der Regel ist Business-Kleidung angebracht. Sollten Sie unsicher sein, kontaktieren Sie vorab die Personalabteilung und fragen nach dem Dresscode. Wichtig ist in jedem Fall, dass Ihnen die Kleidung gut passt (Größe)! Sie sollten so gekleidet sein, dass Sie sich dem Unternehmen formal präsentieren können und sich gleichzeitig wohlfühlen.

Dresscode erfragen

„Was sind geeignete Smalltalk-Themen vor einem AC?"

Themen wie Religion, Politik und Geld sollten Sie vermeiden. Werden Sie jedoch nach Ihrer Meinung dazu gefragt, sollten Sie einen Standpunkt haben und diesen auch vertreten. Geeignete Smalltalk-Themen sind beispielsweise Ihre Anreise, momentane kulturelle und sportliche Geschehnisse, Reisen und aktuelle Literatur.

„Was muss ich vor einem AC bedenken?"

Rolle bedenken

Machen Sie sich Ihre Rolle bewusst: Sie sind Gast bei dem Unternehmen und nicht der Gastgeber. Daher warten Sie zum Beispiel, bis Ihnen ein Platz angeboten wird. Sätze wie „Darf ich Ihnen etwas zu trinken anbieten" sind nicht Teil Ihrer Rolle.

„Wie gehe ich damit um, wenn ich mich kurz vor Beginn des ACs nicht gesund oder fit fühle?"

Unterscheiden Sie zwischen normaler Nervosität und wirklichen Krankheitssymptomen. Wir empfehlen Ihnen, mögliche Krankheiten direkt anzusprechen. Erwähnt ein Kandidat seine schlechte Tagesform erst nach einem AC, entsteht unter Umständen der Eindruck, dass er damit seine Ergebnisse rechtfertigen möchte.

Krankheit

Der Ablauf und die Inhalte

„Stehe ich während des Assessment-Centers unter ständiger Beobachtung, also auch in den Pausen?"

Normalerweise fließen nur die Bewertungen der offiziellen AC-Bestandteile in die Gesamtbeurteilung ein. Die Begrüßung und die Pausen werden nicht mitbewertet. In vielen ACs nimmt man jedoch auch eine gemeinsame Mahlzeit ein. Und selbst wenn das Verhalten beim Essen nicht offiziell in die Bewertung einfließt, sollten Sie natürlich immer ein Mindestmaß an Benimm-Regeln einhalten.

„Gibt es Einzelheiten aus meinem Leben, die ich in einem AC besser nicht erwähnen sollte?"

Für die Beobachter ist entscheidend, dass ganz deutlich wird, wofür Sie stehen und wer Sie sind. Sie sollten sich nicht negativ von bestimmten Punkten Ihres Werdegangs abgrenzen.

Transparenz

„Kann ich im Rahmen eines ACs auch negative Erfahrungen aus meinem Leben erzählen?"

Ja, das können Sie. An negativen Erfahrungen wächst man und die Tatsache, dass Sie darüber berichten können, beweist Selbstvertrauen und Größe.

„Wie gehe ich damit um, wenn ich eine Übung durchführen soll, die ich noch nicht verstanden habe?"

Nachfragen

Wir empfehlen Ihnen dringend, immer sofort nachzufragen, wenn Sie etwas nicht verstanden haben. Fragen, die auf eine angemessene Art und Weise gestellt werden, wird man Ihnen nicht negativ auslegen. Dagegen kommt es nicht gut an, wenn Sie eine mögliche schlechte Leistung damit rechtfertigen, dass Sie die Übung nicht verstanden haben. Denn dann müssen Sie mit der Frage rechnen: „Warum haben Sie nicht nachgefragt, wenn Sie die Übung nicht verstanden haben?"

„Wie gehen die Teilnehmer in einem Gruppen-AC miteinander um?"

Erfahrungsgemäß gehen sie sehr kooperativ miteinander um und versuchen, gemeinsam den Tag zu überstehen, nach dem Motto: „Wir sitzen alle in einem Boot."

„Welche Fallen werden typischerweise in einem AC für den Bewerber gestellt?"

Unsere Erfahrung hat gezeigt, dass ein AC normalerweise nicht über Fallen, sondern über Übungen gestaltet wird, die methodisch hieb- und stichfest sind.

„Soll ich im AC als Kandidat eine bestimmte Rolle spielen? Wen suchen die Beobachter – den Kooperativen, den Ellenbogen-Typ oder den Leader?"

Authentisch bleiben

Wichtig ist, dass Sie sich ganz authentisch und so unverkrampft wie möglich verhalten. Es geht nicht um die Bewertung Ihrer Person, sondern darum, ob Sie zu dem Unternehmen passen. Sie sollten bei dem bleiben, wer Sie sind und was Sie können und keine Rolle spielen! Das Anliegen der Beobachter ist es, Sie als Person kennenzulernen, und nicht, Sie in eine Rolle zu pressen, die Sie in der Realität nicht ausfüllen können.

*„Wird meine Persönlichkeit bei der Durchführung onlineba-
sierter Testverfahren durchleuchtet?"*

Nein, denn mit onlinebasierten Testverfahren können keine
klinisch relevanten oder tiefenpsychologischen Erkenntnisse
gewonnen werden.

*„Mit welchem Menschenbild führen die Beobachter ein AC
durch?"*

Die Beobachter sind geschult und sollten zunächst immer da-   **Menschenbild**
von ausgehen, dass ein Teilnehmer willens und geeignet ist,
eine gute Leistung zu zeigen. Sie sind nicht Ihre Gegner! Im
Gegenteil: Ein Unternehmen möchte einen Kandidaten finden, der gut ist und zum Unternehmen passt.

Nach dem Assessment-Center

„Bekomme ich ein ehrliches und detailliertes Feedback?"

Hierfür gibt es keine eindeutige Regelung. Wir empfehlen   **Feedback**
Ihnen aber dringend, diese Frage vorher an die Organisatoren
des ACs zu richten. Unserer Ansicht nach sollte eine Rückmeldung an den Teilnehmer immer Bestandteil eines ACs
sein. Bedenken Sie bitte, dass es auch bereits sehr viel über
die Kultur eines Unternehmens aussagt, wenn die Ergebnisse
eines solchen Verfahrens nicht transparent gemacht werden.

„Wie gehe ich mit einem Feedback um?"

Wichtig ist, dass Sie sich nicht rechtfertigen. Nehmen Sie die
Rückmeldungen auf und stellen Sie Verständnisfragen. Nutzen Sie die Gelegenheit, weitere Empfehlungen zu bekommen. Konstruktive Fragen wie „Was würden Sie mir raten?"
oder „Was sollte ich ganz konkret nächstes Mal anders machen?" werden Sie ein Stück weiterbringen. Wichtig ist auch,
dass Sie aus der Rückmeldung nur das mitnehmen, womit Sie
etwas anfangen können. Nehmen Sie nicht jedes Feedback
unreflektiert an.

„Sollte ich dem Unternehmen nach dem AC auch ein Feedback geben?"

Sie sollten nur dann eine Rückmeldung zum AC erteilen, wenn Sie darum gebeten werden. Beachten Sie bitte in jedem Fall die Feedbackregeln: Beginnen Sie mit etwas, das Ihnen gut gefallen hat, äußern Sie dann Ihren Kritikpunkt und schließen Sie Ihre Rückmeldung mit etwas Positivem ab.

„Was antworte ich, wenn ich meine Leistung im AC bewerten soll (Selbstbild)?"

Selbstbild

Antworten Sie differenziert, reflektiert und selbstkritisch. Sagen Sie durchaus, an welchen Stellen Sie mit Ihrer Leistung zufrieden waren, und sprechen Sie auch die Punkte an, an denen Sie mit sich selbst nicht zufrieden waren. Achten Sie zudem darauf, dass Sie sich nicht negativ darüber äußern, dass es überhaupt ein AC gibt. Bewerten Sie nicht das System!

„Wie lange werden die Ergebnisse aufbewahrt?"

Dies wird von Unternehmen zu Unternehmen unterschiedlich geregelt. Generell gilt aber, dass alle relevanten Beurteilungen in der Personalakte abgelegt werden dürfen.

„Kann ich mich bei einem Unternehmen noch einmal bewerben, nachdem ich das AC nicht erfolgreich durchlaufen habe?"

Klären Sie diese Frage am besten direkt mit dem Unternehmen ab, sofern Sie eine negative Rückmeldung nach dem AC bekommen. Oder aber Sie fragen telefonisch nach, bevor Sie sich erneut auf eine Stellenanzeige bewerben, die das Unternehmen geschaltet hat.

Anhang

Ihre Rechte als Bewerber

Zum Schutz des Bewerbers sind in der arbeitsrechtlichen Literatur Grundsätze über die Zulässigkeit eignungsdiagnostischer Testverfahren festgelegt worden.

Das im Jahr 2006 erlassene Allgemeine Gleichbehandlungsgesetz (AGG) äußert sich zu den allgemeinen Rechten eines Bewerbers. Darüber hinaus gibt es für den Einsatz von eignungsdiagnostischen Verfahren seit dem Jahr 2002 eine DIN-Norm 33430. Diese DIN-Norm („Anforderungen an Verfahren und deren Einsatz bei berufsbezogenen Eignungsbeurteilungen") wurde im Juni 2002 auf Initiative des Berufsverbands Deutscher Psychologinnen und Psychologen (BDP) und der Deutschen Gesellschaft für Psychologie (DGPs) verabschiedet. Sie beschreibt unter anderem Qualitätskriterien und -standards für berufsbezogene Eignungsbeurteilungen. Exemplarische Kernpunkte der Norm sind

AGG

DIN-Norm

- die Planung von berufsbezogenen Eignungsbeurteilungen,

- die Auswahl, Zusammenstellung, Durchführung und Auswertung von Verfahren und

- die Interpretation der Verfahrensergebnisse sowie die Urteilsbildung.

Voraussetzungen für die Zulässigkeit des Einsatzes von eignungsdiagnostischen Auswahlverfahren sind beispielsweise das Einverständnis des Bewerbers, die Aufklärung des Bewerbers vor dem Test über dessen Funktionsweise und die zu ermittelnden Persönlichkeitsdaten. Voraussetzung ist weiterhin, dass die notwendigen Daten nicht auf andere Weise, zum Beispiel durch Zeugnisse, erfasst werden können.

Auch Auswahlverfahren, welche die Anforderungen der zu besetzenden Stelle simulieren, sind im Rahmen des rechtlich Zulässigen erlaubt. Nicht zulässig sind beispielsweise reine IQ-Tests und allgemeine Persönlichkeitstests, die tief in das Privatleben eindringen.

Daten-löschung

Zudem haben Bewerber, die nach einem Auswahlverfahren eine Absage bekommen, ein Recht darauf, dass ihre Daten gelöscht werden und vor allem, dass sie nicht an Dritte weitergeleitet werden.

Glossar

Im Folgenden möchten wir Ihnen einige Begriffe aus der Statistik erklären, die Ihnen bei der Auswertung Ihrer Tests begegnen werden.

Anforderungsprofil: Es beschreibt detailliert die vorausgesetzten oder gewünschten Fähigkeiten und Eigenschaften. In Unternehmen existieren beispielsweise Anforderungsprofile für die verschiedenen Positionen, beziehungsweise sie werden für neu geschaffene Positionen erstellt.
Assessment-Center: Ein Assessment-Center (AC; englisch, to assess = beurteilen) bezeichnet ein spezielles Personalauswahlverfahren, bei dem unter verschiedenen Bewerbern diejenigen Kandidaten ermittelt werden sollen, die den Anforderungen eines Unternehmens beziehungsweise der zu besetzenden Stelle am besten entsprechen. Das Assessment-Center zeichnet sich dadurch aus, dass die Kandidaten in unterschiedlichen Situationen von mehreren Beobachtern bewertet werden.
Augenscheinvalidität: Kriterium für Testgüte (siehe *Validität*), das misst, inwieweit ein Test das interessierende Merkmal/Konstrukt (zum Beispiel Qualifikation für einen Job) augenscheinlich, das heißt, aus unmittelbar logischen oder plausiblen Gründen, abbildet (zum Beispiel Überprüfung, ob der Kandidat die für die Tätigkeit notwendige EDV-Schulung besucht hat oder nicht).
Auswertungsobjektivität: Spezielles Konzept der *Objektivität* (siehe dort), das misst, inwieweit das Testergebnis unabhängig davon ist, wer die Auswertung der Beobachtungen durchführt. Eine hohe Auswertungsobjektivität erzielen in der Regel solche Testverfahren, die sehr klar definieren, nach welchen Kriterien die Auswertung vorgenommen werden soll.

Benchmark: Mit Benchmark (englisch Maßstab) bezeichnet man einen Referenzwert, mit dem individuelle Ausprägungen verglichen werden. Der Prozess zur Gewinnung eines solchen Referenzwertes heißt Benchmarking.

Dichotomie: Eine Dichotomie (von griechisch dichótomos = halbgeteilt, entzweigeschnitten) bezeichnet eine Aufteilung einer Menge oder Struktur in zwei Teilmengen ohne gemeinsame Schnittmenge.
DIN 33430: Die DIN-Norm „Anforderungen an Verfahren und deren Einsatz bei berufsbezogenen Eignungsbeurteilungen" beschreibt Qualitätsstandards von eignungsdiagnostischen Verfahren wie zum Beispiel Assessment-Centern.

Eignungsdiagnostik: Sammelbegriff für Verfahren zur Messung von Qualifikationen und Kompetenzen für bestimmte Jobprofile.

Faktorenanalyse: Verfahren aus der multivariaten Statistik, das mithilfe einer Vielzahl beobachtbarer Variablen versucht, Rückschlüsse auf wenige latente Variablen (Faktoren) zu ziehen.

Forced-Choice-Methode: Methodische Vorgehensweise bei psychologischen Testverfahren oder Fragebögen, bei denen die Testperson zwischen zwei vorgegebenen Antwortmöglichkeiten diejenige auswählt, die für sie am besten zutrifft.

Inhaltsvalidität: Sie überprüft, ob ein Testverfahren das interessierende Konstrukt/Merkmal (zum Beispiel Qualifikation für einen Job) in möglichst allen Aspekten erfasst und damit valide, das heißt gültige Schlüsse zulässt (siehe *Validität*). Ein inhaltsvalides Testverfahren sollte keine relevanten Aspekte vernachlässigen.

Interpretationsobjektivität: Spezielles Konzept der *Objektivität* (siehe dort), das misst, inwieweit das Testergebnis unabhängig davon ist, wer die Beobachtungen interpretiert.

Konstruktvalidität: Bei Testverfahren wird ein bestimmtes Konstrukt (zum Beispiel Qualifikation für einen Job), das nicht direkt messbar ist, anhand verschiedener Kriterien (zum Beispiel Intelligenz) operationalisiert. Konstruktvalidität (siehe *Validität*) bewertet, ob die Operationalisierung mit den verwendeten Kriterien valide, das heißt gültig ist (zum Beispiel: Spricht ein hoher Intelligenzquotient überhaupt für eine hohe Jobqualifikation?).

Korrelationskoeffizient: Maß für den linearen Zusammenhang zwischen zwei oder mehreren Merkmalen. Der Korrelationskoeffizient kann Werte zwischen -1 und +1 annehmen, wobei -1 als perfekt negativ korreliert, +1 als perfekt positiv korreliert und 0 als unkorreliert bezeichnet wird.

Kriteriumsvalidität: Zur Operationalisierung des zu untersuchenden Konstrukts (zum Beispiel Qualifikation für einen Job; siehe *Konstruktvalidität*) werden verschiedene Kriterien verwendet (zum Beispiel Intelligenz), die ihrerseits wiederum empirisch gemessen werden müssen. Kriteriumsvalidität beurteilt, ob diese Messung valide ist (zum Beispiel: Kann Intelligenz mit den Verfahren gängiger Intelligenztests valide gemessen werden?).

Normalverteilung: Wird auch Gauß-Verteilung genannt und bezeichnet die in der Statistik am häufigsten angewandte Wahrscheinlichkeitsverteilung. Unter der Annahme der Normalverteilung nehmen Messwerte mit hoher Wahrscheinlichkeit einen bestimmten Wert (Erwartungswert) an. Prinzipiell können die Messwerte zwischen $-\infty$ und $+\infty$ liegen, wobei die Wahrscheinlichkeit hierfür abnimmt, je weiter die Werte positiv oder negativ vom Erwartungswert abweichen. Aufgrund ihrer Symmetrie um den Erwartungswert wird die Normalverteilung oft auch als Glockenverteilung bezeichnet.

Objektivität: Hiermit bezeichnet man in der Testtheorie die Unabhängigkeit der Testergebnisse von äußeren Rahmenbedingungen. Objektivität wird gemessen anhand der Konzepte der Durchführungsobjektivität, *Auswertungsobjektivität* und *Interpretationsobjektivität*.

Potenzial-Assessment-Center/Potenzial-Audit: Spezielle Form des Assessment-Centers, die nicht unmittelbar zur Auswahl eines neuen Kandidaten für eine bestimmte Funktion angelegt ist, sondern vielmehr die Fähigkeiten gegenwärtiger Mitarbeiter im Hinblick auf ihre aktuellen beziehungsweise weiterführenden Positionen überprüfen soll.

Prognosesicherheit: Kriterium für Testgüte, das angibt, mit welcher Sicherheit ein durch ein Testverfahren prognostiziertes Messergebnis in der Realität auch tatsächlich eintrifft, zum Beispiel dass die durch das Assessment-Center ausgewählte Person in der Praxis auch qualifiziert ist.

Reliabilität (= Zuverlässigkeit): Maß für die formale Genauigkeit von Testverfahren, das misst, wieweit ein Verfahren zuverlässig, das heißt, frei von Zufallsfehlern ist. Hoch reliable Testverfahren kommen bei wiederholter Anwendung unter gleichen Testvoraussetzungen (siehe *Retest-Reliabilität*) oder bei Zweiteilung der Testgrundgesamtheit in zwei parallele Gruppen zum gleichen Testergebnis.

Reliabilitätskoeffizient: Er misst, wie stark die Testergebnisse bei wiederholter Messung unter gleichen Testvoraussetzungen (siehe *Retest-Reliabilität*) oder Zweiteilung der Grundgesamtheit korreliert sind. Wie der Korrelationskoeffizient kann auch der Reliabilitätskoeffizient (= r) zwischen -1 und +1 liegen. Ein Reliabilitätskoeffizient von 0 bedeutet, dass die wiederholten Testergebnisse nicht korreliert sind, sondern intuitiv, also immer unterschiedlich und damit zufällig sind. Ein Reliabilitätskoeffizient von -1 beziehungsweise +1 bedeutet, dass ein Testergebnis völlig frei von Zufällen und damit reliabel ist.

Retest-Reliabilität: Form der *Reliabilität*, die misst, ob ein Test bei wiederholter Durchführung unter gleichen Testbedingungen zum gleichen Ergebnis kommt. Damit lässt sich die Zufälligkeit der vorliegenden Ergebnisse ausschließen.

Soft Skills: Als Soft Skills (oder soziale Kompetenz) bezeichnet man das Bündel aller persönlichen Fähigkeiten, mit anderen Personen positiv zu interagieren, seine individuellen Handlungsziele mit den Zielen, Einstellungen und Werten der anderen Personen zu verknüpfen und dadurch Einfluss auf ihr Verhalten und ihre Einstellungen zu nehmen. Häufig genannte Soft Skills sind Kommunikationsfähigkeit und Konfliktstärke.

Talent-Management: Gesamtheit aller personalpolitischen Maßnahmen in Organisationen, um die Besetzung und Nachbesetzung erfolgskritischer Funktionen durch Förderung und Entwicklung bestehender Mitarbeiter sowie Attraktion neuer Mitarbeiter mit hohem Erfolgspotenzial dauerhaft zu sichern.

Test-Retest-Methode: Methode der wiederholten Durchführung von Tests zur Überprüfung der *Retest-Reliabilität*.

Validität (= Gültigkeit): Maß für die Testgüte, das angibt, wie stark das argumentative Gewicht eines Testverfahrens bezüglich seiner Zielsetzung ist. Validität beschreibt zum einen die Güte der Operationalisierung – inwiefern ein Testverfahren das misst, was es messen soll –, zum anderen die Belastbarkeit der auf den Messwerten beruhenden Aussagen und Schlussfolgerungen, also inwieweit eine Messgröße tatsächlich einen Einfluss auf das interessierende Merkmal hat. Validität wird gemessen anhand der Konzepte der *Inhaltsvalidität, Konstruktvalidität* und *Kriteriumsvalidität*.

Abbildungsverzeichnis

Abbildung 1: Beobachtungs- oder Kriterienmatrix, S. 40
Abbildung 2: Beobachtungsbogen, S. 41
Abbildung 3: Das Messkonzept des MPE-Tests, S. 47
Abbildung 4: So kann eine Empfehlung beim MPE-Test aussehen, S. 48
Abbildung 5: Cuboid-Persönlichkeitstypen, S. 54
Abbildung 6: Beispiel für ein CPI-Profil, S. 55
Abbildung 7: Kürzel für die 16 MBTI-Typen, S. 57
Abbildung 8: Kategorien der Persönlichkeit beim MBTI-Test, S. 59
Abbildung 9: MBTI-Charakterisierung des Typs ESTJ, S. 60
Abbildung 10: MBTI-Präferenzwerte, S. 61
Abbildung 11: Was den MBTI-Typ ESTJ kennzeichnet, S. 62
Abbildung 12: MBTI-Auswertung für Firmen: Arbeitsstil-Tabelle, S. 63
Abbildung 13: Paarvergleichsfragen beim CAPTain-subjektiv-Fragebogen, S. 66
Abbildung 14: Beispiel für die 11er-Skala zur Selbsteinschätzung. Hier geht es um Ihre Einstellung zur Arbeit, S. 67
Abbildung 15: „Badewannenmodell": Der CAPTain-Test misst Ihre arbeitsbezogenen Verhaltensdispositionen, S. 68
Abbildung 16: Auszug aus einem exemplarischen Ergebnisbericht, S. 70
Abbildung 17: Das Spannungsfeld der Verhaltenstendenzen, S. 74
Abbildung 18: Beispiele für mögliche Wortgruppen beim DISG-Test, S. 76
Abbildung 19: Äußeres, inneres und integriertes Selbstbild, S. 77
Abbildung 20: Ein Auszug aus den 86 PI-Adjektiven (Soll-Zustand), S. 80
Abbildung 21: Ergebnis-Diagramme beim PI-Test, S. 82
Abbildung 22: PI-Diagramme zu Verhaltensstilen, S. 82
Abbildung 23: Der BIP-Test berücksichtigt 17 Persönlichkeitseigenschaften, S. 84
Abbildung 24: Die Verteilung der Ergebnisse beim BIP-Test, S. 86
Abbildung 25: Sechsstufiges Antwortformat beim BIP-Test, S. 87
Abbildung 26: Zehnstufig normiertes Ergebnisprofil, S. 87
Abbildung 27: Vergleich zwischen Selbstbild und Fremdbild, S. 88
Abbildung 28: Beispiel für ein Ergebnis-Diagramm, S. 94
Abbildung 29: Auszug aus einem shapes-Fragebogen, S. 98
Abbildung 30: Beispiel für eine Auswertungsdarstellung, S. 101
Abbildung 31: Der Spannungsbogen eines Vortrags, S. 145
Abbildung 32: Konsens bei einer Gruppendiskussion, S. 149

Stichwortverzeichnis

A

Analytische Fähigkeiten 134
Analytisches Denken 144
Anforderungsprofil 38
Arbeiten, strukturiertes 144
Auffassungsgabe 121
Auslandsaufenthalte 20
Ausstrahlung 144
Auswahl-Assessment-Center 13
Auswertung 37

B

Belastbarkeit 121
Beobachter 11, 33 f., 40
Beobachterkonferenz 41
Beobachtungsbogen 41
Beobachtungs- oder Kriterienmatrix
   40
Beruf 16
Beschwerden 105
Beurteilungs- und Förderungsge-
   spräch 105
Bewerbungsseminar 28
Bewertung 43
Bewertungsskala 41
Biografisches Interview 124
BIP – Bochumer Inventar zur be-
   rufsbezogenen Persönlichkeitsbe-
   schreibung 84

C

CAPTain – Computer Aided Person-
   nel Test answers inevitable 65
Checkliste 15

CPI – Californian Psychological
   Inventory 51
Critical-Incident-Fragen 25

D

Dauer 40
Denken, analytisches 144
DISG – dominant, initiativ, stetig,
   gewissenhaft 73

E

Ehrenamtliche Engagements 20
Ehrlichkeit 43
Eigene Wirkung 22
Einkaufsgespräch 105
Entscheidungsfähigkeit, Entschei-
   dungsfreude 134
Entwicklungspotenziale 38 f.
Erfolgsstorys 23
Ergebnisbericht 42
Ergebnisorientiertheit 134

F

Fachkenntnisse 25
Fachvortrag 144
Fachwissen 144, 149
Fähigkeiten, analytische 134
Fallstudie 134 f.
Feedback 22 f., 158
Feedback-Gespräch 35
Fehler 155
Flexibilität 121
Forced-Choice-Methode 45
Foto 19

Fragen
– häufige 160
– zum Unternehmen 23
Fremdbild 16, 22
Führungspositionen 108
Führungspotenzial 47, 109, 154

G
Grundsatz der Verfahrensvielfalt 39
Gruppen-Assessment-Center 27
Gruppendiskussion 34 f., 148 ff.,
    152, 154 f., 157

H
Häufige Fragen 160
Häufige Verfahren 39

I
Informationen über Unternehmen
    18
Internetrecherche 28
Interview 124
– kriterienorientiertes, halbstandardi-
    siertes 125

K
Kombinationsfähigkeit 134, 144
Kommunikationsfähigkeit 144
Kompetenz 38, 41, 129
Konfliktfähigkeit 130
Konfliktgespräch 108
Kontaktfähigkeit 130
Konzeption 37
Kooperationsfähigkeit 129
Körpersignal 131
Körpersprache 151
Kriterienorientiertes, halbstandardi-
    siertes Interview 125

Kundenbesuch 105
Kundengespräch 107

L
Lebenslauf 19 ff.
Leistungsmotivation 129
Lösungsfindung 11

M
MBTI – Myers-Briggs-Typen-Indi-
    kator 57
Mehrwert 17
Mitarbeiterkritik 105
Mitarbeitermotivation 105
Mittagessen 33
Moderator 148, 155
MPE – Management Potential Evalu-
    ation 44

N
Nachbereitung 158
Netzwerk, soziales 18, 28

O
Onlinebasierte Testverfahren 43
OPQ – Occupational Personality
    Questionnaire 90

P
Peer-Ranking 155
Personalabteilung 18
Personalgespräch 107
Persönlichkeit 25, 129
Persönlichkeitsbildung 19
Persönlichkeitspräferenzen 57
Persönlichkeitstypen 51
PI – Predictive Index 80
Postkorb 116

Postkorbübung 112 f., 121 f.
Potenzial-Assessment-Center 13
Prädikatsexamen 28
Praktika 28
Präsentation 20 f., 30 f., 143 f., 147
Präsenzübungen 104
Preisgespräch 105
Private Interessen 20
Problemfindungsfähigkeit, Problem-
    orientiertheit 134
Profession 17

R
Rechte 165
Reflexionsfragen 33
Rollenspiel 31, 33, 104 ff.

S
Schlüsselqualifikationen 149 f.
Selbstbild 15 f., 22
Selbstdarstellung 21 ff.
Selbstständiges Arbeiten 144
Sensibilität 130
Shapes 96
Skill-Profil 20
Smalltalk 34

Soft Skills 106, 149
Soziales Netzwerk 18, 28
Sozialkompetenz 108, 156
Sozialverhalten 105
Sprachliches Ausdrucksvermögen
    144
Standortbestimmung 12
Stärken 38 f.
Stellenanzeigen 17
Strategie 19, 156
Stressinterview 127
Strukturiertes Arbeiten 144

T
Talent-Management 13

V
Vorbereitung 14
Vortrag 22, 31, 145 ff.

W
Wirtschaftsdatenbanken 18

Z
Zeitreise 15
Zeugnisse 20

Weitere Titel

• Andrea Westhoff/Justin Westhoff
Ihre Rechte als Kassenpatient
Wie Sie auch als gesetzlich Versicherter von Ärzten und Kassen bekommen,
was Ihnen zusteht
ISBN 978-3-7093-0295-8
2010, 160 Seiten
EUR 9,90 (D)/EUR 10,20 (A)

• Roland Stimpel
In 10 Schritten zum Eigenheim
Planen, kaufen, bauen: Von der Suche bis zur Finanzierung – Ihr Wegweiser
zum eigenen Haus
ISBN 978-3-7093-0288-0
2010, 160 Seiten
EUR 9,90 (D)/EUR 10,20 (A)

• Agnes Fischl/Bernhard F. Klinger/Michael Lettl
Das Testament
Konkrete Anleitungen für alle Lebensmodelle – vom Single bis zur Patch-
work-Familie. Wie Sie Streit vermeiden und Steuern sparen.
ISBN 978-3-7093-0264-4
2009, 168 Seiten
EUR 9,90 (D)/EUR 10,20 (A)

• Sven Klinger/Joachim Mohr/Wolfgang Roth/Johannes Schulte
Patientenverfügung und Vorsorgevollmacht
Was Ärzte und Bevollmächtigte für Sie in einem Notfall tun sollten. Was die
Neuregelung für Sie konkret bedeutet.
ISBN 978-3-7093-0289-7
2. Auflage 2009, 156 Seiten
EUR 9,90 (D)/EUR 10,20 (A)

- Michael Schröder
Scheidung – aber fair
Sorgerecht – Unterhalt – Umgangsrecht . Es geht auch friedlich, wenn die Vernunft siegt.
ISBN 978-3-7093-0272-9
2. Auflage 2009, 176 Seiten
EUR 9,90 (D)/EUR 10,20 (A)

- Andreas Heiber
Die neue Pflegeversicherung
Der Antrag – die Pflegestufen – die Leistungen: Ihre neuen Möglichkeiten und Chancen
ISBN 978-3-7093-0237-8
2008, 192 Seiten
EUR 9,90 (D)/EUR 10,20 (A)

- Eva Schmitz-Gümbel/Karin Wistuba
Erfolgreich zum Traumjob
Coaching zur Berufswahl für Eltern und Schüler
ISBN 978-3-7093-0213-2
2008, 168 Seiten
EUR 9,90 (D)/EUR 10,20 (A)

- Astrid Congiu-Wehle/Joachim Mohr
Das neue Unterhaltsrecht
Wie viel bekomme ich? Wie viel muss ich zahlen?
ISBN 978-3-7093-0229-3
2008, 168 Seiten
EUR 9,90 (D)/EUR 10,20 (A)

- Karin Spitra/Ulf Weigelt
Ihr Recht als Arbeitnehmer
Vom Vorstellungsgespräch bis zur Kündigung – was darf der Chef?
ISBN 978-3-7093-0218-7
2008, 192 Seiten
EUR 9,90 (D)/EUR 10,20 (A)

- Wolfgang Jüngst/Matthias Nick
Arbeiten und Leben im Ausland
Auswandern oder Überwintern: alle wichtigen Informationen.
Mit 10 Länderkapiteln von Schweiz bis USA.
ISBN 978-3-7093-0214-9
EUR 9,90 (D)/EUR 10,20 (A)

- Tibet Neusel/Sigrid Beyer/Kathrin Arrocha
Immobilienkauf
Haus oder Wohnung – Alles über Finanzierung, Recht und Steuern
ISBN 978-3-7093-0195-1
2008, 190 Seiten
EUR 9,90 (D)/EUR 10,20 (A)

- Andrea Erdmann/Andreas Kobschätzky
Erfolgreich bewerben
Von der systematischen Vorbereitung zum souveränen Bewerbungsgespräch
und fairen Arbeitsvertrag
ISBN 978-3-7093-0187-6
2008, 176 Seiten
EUR 9,90 (D)/EUR 10,20 (A)

- Hans-Herbert Holzamer
Optimales Wohnen und Leben im Alter
Alle Wohnformen im Überblick – alle staatlichen Förderungen – Checklisten
und Adressen
ISBN 978-3-7093-0196-8
2008, 176 Seiten
EUR 9,90 (D)/EUR 10,20 (A)

- Ralph Jürgen Bährle/Susanne Hartmann
Nebenjobs
Minijobs und die 400-Euro-Regel – Ein Wegweiser zum sicheren
Zusatzverdienst
ISBN 978-3-7093-0139-5
2007, 160 Seiten
EUR 9,90 (D)/EUR 10,20 (A)

- Armin Abele/ Bernhard Klinger/ Thomas Maulbetsch/ Joachim Müller
Partnerschaft ohne Trauschein
Alle wichtigen Rechtsfragen
ISBN 978-3-7093-0096-1
2007, 184 Seiten
EUR 9,90 (D)/EUR 10,20 (A)

- Frank Donovitz/Joachim Reuter/Lorenz Wolf-Doettinchem
Das 1x1 der Altersvorsorge
In sechs Schritten zu mehr Wohlstand in der Rente
ISBN 978-3-7093-0150-0
2007, 152 Seiten
EUR 9,90 (D)/EUR 10,20 (A)

- Frank Donovitz/Elke Schulze
Richtig versichern
Welche Versicherung Sie jetzt brauchen und welche Sie sich sparen können.
ISBN 978-3-7093-0175-3
2007, 144 Seiten
EUR 9,90 (D)/EUR 10,20 (A)

- Ulrike Fokken
Ihre private Ökobilanz
So sparen Sie Energie und Kosten und schonen die Umwelt.
ISBN 978-3-7093-0181-4
2007, 192 Seiten
EUR 9,90 (D)/EUR 10,20 (A)

- Wolfgang Jüngst/Matthias Nick
Wenn der Nachbar nervt
Rechte und Pflichten in der Nachbarschaft
ISBN 978-3-7093-0174-6
2007, 160 Seiten
EUR 9,90 (D)/EUR 10,20 (A)

- Tibet Neusel/Kathrin Arrocha/Sigrid Beyer
Kinder, Geld und Steuern
Das neue Elterngeld – Steuern sparen für Familien – Klug vorsorgen. Viele praktische Tipps und Rechenbeispiele.
ISBN 978-3-7093-0164-7
2. Auflage 2007, 192 Seiten
EUR 9,90 (D)/EUR 10,20 (A)

- Inken Wanzek/Christine Rosenboom
Arbeitsplatz in Gefahr – Das sind Ihre Rechte
Kündigung – Beschäftigungsgesellschaft – Aufhebungsvertrag – Mobbing – Trennungsgespräche
ISBN 978-3-7093-0152-4
2007, 240 Seiten
EUR 14,90 (D)/EUR 15,40 (A)

- Tibet Neusel/Kathrin Arrocha/Sigrid Beyer
Neue Renten- und Pensionsbesteuerung
Das Alterseinkünftegesetz – Absatzmöglichkeiten – Strafverfolgung vermeiden – Erstattungsansprüche sichern
ISBN 978-3-7093-0118-0
2006, 192 Seiten
EUR 9,90 (D)/EUR 10,20 (A)

- Eva Schmitz-Gümbel/Birgit Schönberger
Mein Geld, dein Geld
Finanzratgeber für Paare
ISBN 978-3-7093-0095-4
2006, 160 Seiten
EUR 9,90 (D)/EUR 10,20 (A)

- Andreas Vogler/Gerald Reischl
Die 1000-Euro-Firma
Mit wenig Geld zum eigenen Internet-Unternehmen. Konkrete Anleitung zur Gründung und Durchführung.
ISBN 978-3-7093-0125-8
2006, 264 Seiten
EUR 14,90 (D)/EUR 15,40 (A)

- Tibet Neusel
Streiten mit dem Finanzamt
Wie Sie als juristischer Laie Ihre Rechte durchsetzen.
ISBN 978-3-7093-0032-9
2004, 208 Seiten
EUR 14,90 (D)/EUR 15,40 (A)

- Frank Donovitz/Joachim Reuter/Karin Spitra
Das 1x1 des Geldes
So bleibt Ihnen mehr vom Einkommen. Sparen – Versicherungen – Kredite –
Konto – Immobilien
ISBN 978-3-7093-0038-1
2004, 144 Seiten
EUR 9,90 (D)/EUR 10,20 (A)